工业机器人
电气控制与应用

总主编　谭立新
主　编　李德尧　刘占伟
副主编　张宏立　姚　培　彭梁栋

北京理工大学出版社
BEIJING INSTITUTE OF TECHNOLOGY PRESS

内 容 提 要

本书以电气实训台作为背景，介绍了电气实训台中主要的组成元件，并详细介绍了常用低压电气元件、人机界面、PLC 控制器以及万用表等常用工具的使用方法。

本书适合作为高等职业院校工业机器人技术专业以及装备制造大类相关专业的教材，也可以作为工程技术人员的参考资料和培训用书。

图书在版编目（CIP）数据

工业机器人电气控制与应用 / 李德尧，刘占伟主编
. ‒‒北京：北京理工大学出版社，2021.9
　　ISBN 978‒7‒5763‒0434‒3

Ⅰ. ①工⋯　Ⅱ. ①李⋯ ②刘⋯　Ⅲ. ①工业机器人 ‒
电气控制 ‒ 高等职业教育 ‒ 教材　Ⅳ. ①TP242.2

中国版本图书馆 CIP 数据核字（2021）第 200091 号

出版发行 / 北京理工大学出版社有限责任公司	
社　　址 / 北京市海淀区中关村南大街 5 号	
邮　　编 / 100081	
电　　话 / （010）68914775（总编室）	
（010）82562903（教材售后服务热线）	
（010）68944723（其他图书服务热线）	
网　　址 / http://www.bitpress.com.cn	
经　　销 / 全国各地新华书店	
印　　刷 / 涿州市新华印刷有限公司	
开　　本 / 787 毫米 × 1092 毫米　1/16	责任编辑 / 朱　婧
印　　张 / 11.5	文案编辑 / 朱　婧
字　　数 / 258 千字	责任校对 / 周瑞红
版　　次 / 2021 年 9 月第 1 版　2021 年 9 月第 1 次印刷	责任印制 / 施胜娟
定　　价 / 52.00 元	

总序

2017 年 3 月，北京理工大学出版社首次出版了工业机器人技术系列教材，该系列教材是全国工业和信息化职业教育教学指导委员会研究课题《系统论视野下的工业机器人技术专业标准与课程体系开发》的核心成果，其针对工业机器人本身特点、产业发展与应用需求，以及高职高专工业机器人技术专业的教材在产业链定位不准、没有形成独立体系、与实践联系不紧密、教材体例不符合工程项目的实际特点等问题，提出运用系统论基本观点和控制论的基本方法，在系统全面调研分析工业机器人全产业链基础上，提出了工业机器人产业链、人才链、教育链及创新链"四链"融合的新理论，引导高职高专工业机器人技术建设专业标准及开发教材体系，在教材定位、体系构建、材料组织、教材体例、工程项目运用等方面形成了自己的特色与创新，并在信息技术应用与教学资源开发上做了一定的探索。主要体现在：

一是面向工业机器人系统集成商的教材体系定位。主体面向工业机器人系统集成，主要面向工业机器人集成应用设计、工业机器人操作与编程、工业机器人集成系统装调与维护、工业机器人及集成系统销售与客服五类岗位，兼顾智能制造自动化生产线设计开发、装配调试、管理与维护等。

二是工业应用系统集成核心技术的教材体系构建。以工业机器人系统集成商的工作实践为主线构建，以工业机器人系统集成的工作流程（工序）为主线构建专业核心课程与教材体系，以学习专业核心课程所必需的知识和技能为依据构建专业支撑课程；以学生职业生涯发展为依据构建公共文化课程的教材体系。

三是基于"项目导向、任务驱动"的教学材料组织。以项目导向、任务驱动进行教学材料组织，整套教材体系是一个大的项目——工业机器人系统集成，每本教材是一个二级项目（大项目的一个核心环节），而每本教材中的项目又是二级项目中一个子项（三级项目），三级项目由一系列有逻辑关系的任务组成。

四是基于工程项目过程与结果需求的教材编写体例。以"项目描述、学习目标、知识准备、任务实现、考核评价、拓展提高"六个环节为全新的教材编写体例，全面系统体现工业机器人应用系统集成工程项目的过程与结果需求及学习规律。

该教材体系系统解决了现行工业机器人教材理论与实践脱节的问题，该教材体系以实践为主线展开，按照项目、产品或工作过程展开，打破或不拘泥于知识体系，将各科知识融入项目或产品制作过程中，实现了"知行合一""教学做合一"，让学生学会运用已知的知识和已经掌握的技能，去学习未知的专业知识和掌握未知的专业技能，解决未知的生产实际问题，符合教学规律、学生专业成长成才规律和企业生产实践规律，实现了人类认识自然的本原方式的回归。经过四年多的应用，目前全国使用该教材体系的学校已超过140所，用量超过十万多册，以高职院校为主体，包括应用本科、技师学院、技工院校、中职学校及企业岗前培训等机构，其中《工业机器人操作与编程（KUKA)》获"十三五"职业教育国家规划教材和湖南省职业院校优秀教材等荣誉。

随着工业机器人自身理论与技术的不断发展、其应用领域的不断拓展及细分领域的深化、智能制造对工业机器人技术要求的不断提高，工业机器人也在不断向环境智能化、控制精细化、应用协同化、操作友好化提升。随着"00"后日益成为工业机器人技术的学习使用与设计开发主体，对个性化的需求提出了更高的要求。因此，在保持原有优势与特色的基础上，如何与时俱进，对该教材体系进行修订完善与系统优化成为第2版的核心工作。本次修订完善与系统优化主要从以下四个方面进行：

一是基于工业机器人应用三个标准对接的内容优化。实现了工业机器人技术专业建设标准、产业行业生产标准及技能鉴定标准（含工业机器人技术"1+X"的技能标准）三个标准的对接，对工业机器人专业课程体系进行完善与升级，从而完成对工业机器人技术专业课程配套教材体系与教材及其教学资源的完善、升级、优化等；增设了《工业机器人电气控制与应用》教材，将原体系下《工业机器人典型应用》重新优化为《工业机器人系统集成》，突出应用性与针对性及与标准名称的一致性。

二是基于新兴应用与细分领域的项目优化。针对工业机器人应用系统集成在近五年工业机器人技术新兴应用领域与细分领域的新理论、新技术、新项目、新应用、新要求、新工艺等对原有项目进行了系统性、针对性的优化，对新的应用领域的工艺与技术进行了全面的完善，特别是在工业机器人应用智能化方面进一步针对应用领域加强了人工智能、工业互联网技术、实时监控与过程控制技术等智能技术内容的引入。

三是基于马克思主义哲学观与方法论的育人强化。新时代人才培养对教材及其体系建设提出了新要求，工业机器人技术专业的职业院校教材体系要全面突出"为党育人、为国育才"的总要求，强化课程思政元素的挖掘与应用，在第2版教材修订过程中充分体现与融合运用马克思主义基本观点与方法论及"专注、专心、专一、精益求精"的工匠精神。

四是基于因材施教与个性化学习的信息智能技术融合。针对新兴应用技术及细分领域及传统工业机器人持续应用领域，充分研究高职学生整体特点，在配套课程教学资源开发方面进行了优化与定制化开发，针对性开发了项目实操案例式MOOC等配套教学资源，教学案例丰富，可拓展性强，并可针对学生实践与学习的个性化情况，实现智能化推送学习建议。

因工业机器人是典型的光、机、电、软件等高度一体化产品，其制造与应用技术涉及机械设计与制造、电子技术、传感器技术、视觉技术、计算机技术、控制技术、通信技术、人工智能、工业互联网技术等诸多领域，其应用领域不断拓展与深化，技术不断发展与进步。本教材体系在修订完善与优化过程中肯定存在一些不足，特别是通用性与专用性的平衡、典型性与普遍性的取舍、先进性与传统性的综合、未来与当下、理论与实践等各方面的思考与运用不一定是全面的、系统的。希望各位同仁在应用过程中随时提出批评与指导意见，以便在第 3 版修订中进一步完善。

谭立新

2021 年 8 月 11 日于湘江之滨听雨轩

前言

　　本书用电气实训台作为贯穿实践过程的典型工程对象，使整个教学和学习过程充满挑战和乐趣，大大提高学习效率。同时在学习和实践的过程中，还可以培养学生掌握方法论。本书以大项目分解为多个小任务组织全书内容，在学习过程中注重减少学习压力，培养学生的兴趣。项目一以电气实训台为载体，对该平台的结构和组成部分做了基本的介绍，并对电气控制实践中常用的工具——万用表的使用以任务的形式做了详细的介绍。项目二详细介绍了电气控制系统常用低压电器元件及其应用，不仅对每一种类型的常用低压电器元件做了详细的理论介绍，同时，给每一种常用低压电器元件列举了一个浅显易懂的应用案例，帮助学生理解。项目三详细介绍了工控触摸屏（HMI）的认知与应用，重点介绍了工控触摸屏的编程软件安装和程序的编写，以及实际案例的开发过程，使学生能快速了解工控触摸屏，并能快速上手开发自己的程序与设计应用。项目四、项目五分别介绍了三菱 PLC 和西门子 PLC 的认知与设计开发及应用，均对 PLC 的硬件结构和编程软件的搭建以及程序的编写与开发流程、烧录程序文件，做了详细的图文介绍，配有详细的操作步骤，使学生一目了然。学有余力的学生可以同时对比两款 PLC 的区别和相似点，有助于对 PLC 的理解和设计开发，达到事半功倍的效果。在 PLC 的设计应用环节，分别用八个任务介绍 PLC 程序的设计与开发，每个任务在电气实训台上均有硬件支撑，能快速地使设计得到验证。

　　通过本课程的学习和实践，可以引领学生或者个人爱好者进入神奇的自动化技术世界。

　　本书可作为高职高专院校和中等职业院校电气工程类专业学生学习工业机器人电气控制系统及应用的教材，教材内容浅显易懂，配有简单的案例，无电气知识者也可以学习使用。

　　本书由李德尧、刘占伟任主编，张宏立、姚培、彭梁栋任副主编。谭立新教授作为整套工业机器人系列丛书的总主编，对整套图书的大纲进行了多次审定、修改，使其在符合实际工作需要的同时，更便于教师授课使用。

　　在丛书的策划、编写过程中，湖南省电子学会提供了宝贵的意见和建议，在此表示诚挚的感谢。同时感谢为本书中实践操作及视频录制提供大力支持的湖南科瑞特科技股份有限公司。

　　尽管编者主观上想努力使读者满意，但在书中不可避免尚有不足之处，欢迎读者提出宝贵建议。

编　者

目 录

项目一

电气实训台认知与应用

1.1　项目描述

本项目主要介绍电气实训台的相关知识，包括实训台的整体结构和电气硬件组成，以及主要工具万用表的认识和测量使用方法。

1.2　教学目标

熟悉电气实训台的电气系统，掌握其电气硬件的连接方式和功能。学会万用表的日常使用方法，能正确测量设备各处电源，并学会使用万用表排查故障。

1.3　知识准备

1.3.1　认识电气实训台

电气实训台，如图 1-1 所示，采用的是平台一体式的结构，所有元器件全部安装在平台上，便于整体设备的搬运和存放，不管设备怎样移动和摆放，只要保持平台元器件位置整体不变，都不会影响到设备的运行。工作平台为可以灵活安装各功能模块的导槽式结构；电气接线部分为抽屉式结构，集成强、弱电和气路一体。这使学习者快速学习步进电机驱动控制、执行机构设计与控制设计、气动设计与使用等知识。该平台适合自动控制、机电一体化等专业人员学习、应用、维护等，培养相关自动化、机电一体化产业化应用人才。

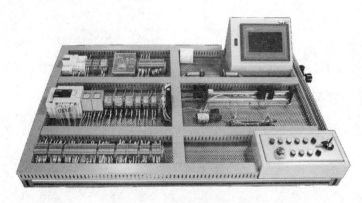

图 1 - 1　ECA3000 电气实训台

1.3.2　电气控制系统的硬件组成

1. PLC

　　三菱 FX3U 系列 PLC，8 输入 8 继电器输出，交流 220V 供电，内置 Ethernet 通信端口和 RS - 485 通信端口（图 1 - 2）。PLC 是设备指挥中心，控制设备流程，发送动作指令。

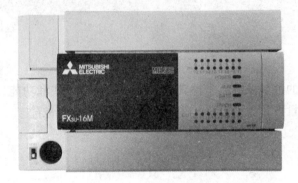

图 1 - 2　三菱 PLC

2. 继电器

　　继电器线圈电压为直流 24V，有两组常开常闭触点（图 1 - 3）。继电器起转换电路作用，转换成各元器件识别的信号，或控制部分元器件的动作。

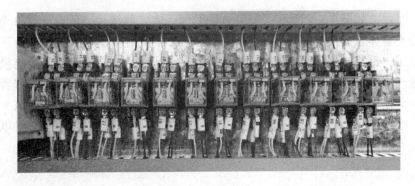

图 1 - 3　继电器

3. 电磁阀

气立可系列电磁阀，两位五通，使用直径4mm的气管，多个电磁阀用汇流板连接在一起，可以节省空间（图1-4）。电磁阀控制着各个气缸的动作，如冲压模组、推料气缸等。

图1-4　电磁阀

4. 步进电机驱动器

图1-5所示步进电机驱动器，型号为DM542，是数字式两相步进电机驱动器，内置高细分，细分等级从200到25600，驱动电流可设，有效驱动电流范围为0.7～3.0A，直流20～50V供电，有差分和单端两种输出方式，可控制搬运码垛模块中小型流水线的步进电机。

5. 空气开关

DZ47系列空气开关，其极数为2，额定电流为16A，是整台设备的电源总开关（图1-6）。

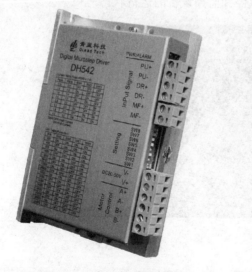

图1-5　步进电机驱动器

图1-6　空气开关

6. 气动三联件

气压传动系统中，气动三联件是指空气过滤器、减压阀和油雾器，有些品牌的电磁阀和气缸能够实现无油润滑（靠润滑脂实现润滑功能），便不需要使用油雾器（图1-7）。

亚德客GFC200系列二联件包括调压过滤器和给油器，是手动排水式。空气过滤器对气源进行稳压，使气源处于恒定状态，可减小因气源气压突变时对阀门或执行器等硬件的损伤。过滤器用于对气源的清洁，可过滤压缩空气中的水分，避免水分随气体进入装置。油雾器可对机体运动部件进行润滑，还可以对不方便加润滑油的部件进行润滑，大大延长机体的使用寿命。

图1-7　气动三联件

7. 工控触摸屏

昆仑通态 T 系列工控触摸屏为 7 寸彩屏，通过网线连接到设备网络与 PLC 通信（图1-8）。工控触摸屏控制设备的启停和监控设备的运行状态。

图1-8　工控触摸屏

1.3.3　万用表使用

万用表如图1-9所示，又称为复用表、多用表、三用表、繁用表等，是电力电子等部门不可缺少的测量仪表，一般以测量电压、电流和电阻为主要目的。万用表按显示方式分为模拟万用表和数字万用表，是一种多功能、多量程的测量仪表，一般万用表可测量直流电流、直流电压、交流电流、交流电压、电阻和音频电平等。数字万用表已成为主流，已经取代模拟式仪表。与模拟式仪表相比，数字式仪表灵敏度高，精确度高，显示清晰，过载能力强，便于携带，使用也更方便简单。

万用表由表头、测量电路及转换开关等三个主要部分组成。数字万用表的表头一般由 A/D（模拟/数字）转换芯片、外围元件、液晶显示器组成，万用表的精度受表头的影响。A/D 芯片用于转换数字；测量线路用来把各种被测量转换到适合表头测量的微小直流电流的电路，由电阻、半导体元件及电池组成，它能将各种不同的被测量（如电流、电压、电阻等）、不同的量程，经过一系列的处理（如整流、分流、分压等）统一变成一定量限的微小直流电流送入表头进行测量；转换开关用来选择各种不同的测量线路，以满足不同种类和不同量程的测量要求。转换开关一般是一个圆形拨盘，在其周围分别标有功能和量程，如图 1-9 所示。

图 1-9　万用表

1—电源开关；2—指示灯；3—蜂鸣挡；4—电容挡；5—直流电流挡；6—交流电流挡；7—最大显示 1999；
8—电阻挡；9—hFE 测试插座；10—三极管挡；11—直流电压挡；12—交流电压挡

万用表使用的注意事项：

（1）在使用模拟万用表之前，应先进行"机械调零"，即在没有被测电量时，使万用表指针指在零电压或零电流的位置上。

（2）在使用万用表过程中，不能用手去接触表笔的金属部分，这样一方面可以保证测量的准确，另一方面也可以保证人身安全。

（3）在测量某一电量时，不能在测量的同时换挡，尤其是在测量高电压或大电流时，更应注意。否则，会使万用表毁坏。如需换挡，应先断开表笔，换挡后再去测量。

（4）万用表在使用时，必须水平放置，以免造成误差。同时，还要注意到避免外界磁场对万用表的影响。

（5）万用表使用完毕，应将转换开关置于交流电压的最大挡。如果长期不使用，还应将万用表内部的电池取出来，以免电池腐蚀表内其他器件。

任务一　用万用表测量电阻

1. 任务步骤

（1）首先红表笔插入 VΩ 孔，黑表笔插入 COM 孔；

（2）量程旋钮打到"Ω"量程挡适当位置；

（3）分别用红黑表笔接到电阻两端金属部分；

（4）读出显示屏上显示的数据；

（5）按照色环电阻对照表读出电阻的电阻值（表 1 - 1）；

（6）比较读数的误差是否在误差范围内。

表 1 - 1　色环电阻对照表

色环颜色	第一环（×100）	第二环（×10）	第三环（×1）	第四环（倍数）	第五环（误差）
黑	—	—	—	×1	—
棕	1	1	1	×10	±1%
红	2	2	2	×100	±2%
橙	3	3	3	×1000	—
黄	4	4	4	×10000	—
绿	5	5	5	×100000	±0.5%
蓝	6	6	6	—	±0.25%
紫	7	7	7	—	±0.1%
灰	8	8	8	—	±0.05%
白	9	9	9	—	—
金	—	—	—	×0.1	±5%
银	—	—	—	×0.01	±10%

2. 注意事项

（1）量程的选择和转换。量程选小了显示屏上会显示"1."，此时应换用较大的量程；反之，量程选大了的话，显示屏上会显示一个接近于"0"的数，此时应换用较小的量程。

（2）显示屏上显示的数字再加上挡位选择的单位就是它的读数。要提醒的是在"200"挡时单位是"Ω"，在"2k ~ 200k"挡时单位是"kΩ"，在"2M ~ 2000M"挡时单位是"MΩ"。

（3）如果被测电阻值超出所选择量程的最大值，将显示过量程"1"，应选择更高的量程，对于大于 1MΩ 或更高的电阻，要几秒钟后读数才能稳定，这是正常的。

（4）当没有连接好时，例如开路情况，仪表显示为"1"。

（5）当检查被测线路的阻抗时，要保证移开被测线路中的所有电源，所有电容放电。被测线路中，如有电源和储能元件，会影响线路阻抗测试正确性。

（6）万用表的 200MΩ 挡位，短路时有 10 个字，测量一个电阻时，应从测量读数中减去这 10 个字。如测一个电阻时，显示为 101.0，应从 101.0 中减去 10 个字，被测元件的实际阻值为 100.0，即 100MΩ。

任务二 用万用表测量蜂鸣

1. 任务步骤

（1）红表笔插入 VΩ 孔，黑表笔插入 COM 孔；

（2）转盘打在蜂鸣挡；

（3）准备一个常开按钮；

（4）红表笔和黑表笔接触常开按钮的两端；

（5）在按下按钮时万用表应当发出蜂鸣声，则表示按钮导通。

2. 注意事项

（1）挡位打到蜂鸣挡，把两表笔短接下，会听到蜂鸣器发出响声，说明该挡正常，并可以确定两表笔之间的电阻为零。

（2）测量的两点之间阻值一般低于 75Ω 蜂鸣器会响。

（3）生活中常用于这一点测量线路有没有发生断路现象，以及器件是否电气连接。

任务三 用万用表测量二极管

1. 任务步骤

（1）红表笔插入 VΩ 孔，黑表笔插入 COM 孔；

（2）转盘打在二极管挡；

（3）判断正负；

（4）红表笔接二极管正极，黑表笔接二极管负极；

（5）读出 LCD 显示屏上数据；

（6）两表笔换位，若显示屏上为"1"，正常；否则此管被击穿。

2. 注意事项

（1）现有大多数万用表中，二极管挡和蜂鸣挡共用一个挡位。

（2）二极管正负极好坏判断。红表笔插入 VΩ 孔，黑表笔插入 COM 孔，转盘打在二极管挡，然后颠倒表笔再测一次。测量结果如下：如果两次测量的结果是一次显示"1"字样，另一次显示零点几的数字，那么此二极管就是一个正常的二极管。假如两次显示都相同，那么此二极管已经损坏，LCD 上显示的一个数字即是二极管的正向压降。硅材料为0.6V 左右，锗材料为 0.2V 左右，根据二极管的特性，可以判断此时红表笔接的是二极管的正极，而黑表笔接的是二极管的负极。

任务四 用万用表测量三极管

1. 任务步骤

（1）红表笔插入 VΩ 孔，黑表笔插入 COM 孔；

（2）转盘打在三极管挡；

（3）找出三极管的基极 b；

（4）判断三极管的类型（PNP 或者 NPN）；

（5）转盘打在"HFE"挡；

（6）根据类型插入 PNP 或 NPN 插孔测 β；

（7）读出显示屏中 β 值。

2. 注意事项

（1）e、b、c 管脚的判定：表笔插位同上；其原理同二极管。先假定 A 脚为基极，用黑表笔与该脚相接，红表笔分别接触其他两脚；若两次读数均为 0.7V 左右，然后再用红表笔接 A 脚，黑表笔接触其他两脚，若均显示"1"，则 A 脚为基极，否则需要重新测量，且此管为 PNP 管。

（2）判断集电极和发射极，我们可以利用"HFE"挡来判断：先将挡位打到"HFE"挡，可以看到挡位旁有一排小插孔，分为 PNP 和 NPN 管的测量。前面已经判断出管型，将基极插入对应管型"b"孔，其余两脚分别插入"c""e"孔，此时可以读取数值，即 β 值；再固定基极，其余两脚对调；比较两次读数，读数较大的管脚位置与表面"c""e"相对应。

任务五　用万用表测量直流电压

1. 任务步骤

（1）红表笔插入 VΩ 孔；

（2）黑表笔插入 COM 孔；

（3）量程旋钮打到"V−"适当位置；

（4）读出显示屏上显示的数据。

2. 注意事项

（1）把旋钮选到比估计值大的量程挡（注意：直流挡是"V−"，交流挡是"V~"），接着把表笔接电源或电池两端；保持接触稳定。数值可以直接从显示屏上读取。

（2）若显示为"1."，则表明量程太小，那么就要加大量程后再测量。

（3）若在数值左边出现"−"，则表明表笔极性与实际电源极性相反，此时红表笔接的是负极。

任务六　用万用表测量交流电压

1. 任务步骤

（1）红表笔插入 VΩ 孔；

（2）黑表笔插入 COM 孔；

（3）量程旋钮打到"V~"适当位置；

（4）读出显示屏上显示的数据。

2. 注意事项：

（1）表笔插孔与直流电压的测量一样，不过应该将旋钮打到交流挡"V～"处所需的量程。

（2）交流电压无正负之分，测量方法跟直流相同。

（3）无论测交流还是直流电压，都要注意人身安全，不要随便用手触摸表笔的金属部分。

任务七　用万用表测量直流电流

1. 任务步骤

（1）断开电路；

（2）黑表笔插入 COM 端口，红表笔插入"mA"或者"20A"端口；

（3）功能旋转开关打至"A－"（直流），并选择合适的量程；

（4）断开被测线路，将数字万用表串联入被测线路中，被测线路中电流从一端流入红表笔，经万用表黑表笔流出，再流入被测线路中；

（5）接通电路；

（6）读出 LCD 显示屏数字。

2. 注意事项

（1）估计电路中电流的大小。若测量大于 200mA 的电流，则要将红表笔插入"10A"插孔并将旋钮打到直流"10A"挡；若测量小于 200mA 的电流，则将红表笔插入"200mA"插孔，将旋钮打到直流 200mA 以内的合适量程。

（2）将万用表串进电路中，保持稳定，即可读数。若显示为"1."，那么就要加大量程；如果在数值左边出现"－"，则表明电流从黑表笔流进万用表部分。

任务八　用万用表测量交流电流

1. 任务步骤

（1）断开电路；

（2）黑表笔插入 COM 端口，红表笔插入"mA"或者"20A"端口；

（3）功能旋转开关打至"A＋"（交流），并选择合适的量程；

（4）断开被测线路，将数字万用表串联入被测线路中，被测线路中电流从一端流入红表笔，经万用表黑表笔流出，再流入被测线路中；

（5）接通电路；

（6）读出 LCD 显示屏数字。

2. 注意事项

（1）测量方法与直流相同，不过挡位应该打到交流挡位。

（2）电流测量完毕后应将红表笔插回"VΩ"孔。

（3）如果使用前不知道被测电流范围，将功能开关置于最大量程并逐渐下降。

（4）如果显示器只显示"1"，表示过量程，功能开关应置于更高量程。

（5）表示最大输入电流为200mA，过量的电流将烧坏熔丝（俗称保险丝），应再更换，20A量程无熔丝保护，测量时不能超过15s。

任务九　用万用表测量电容

1. 任务步骤

（1）将电容两端短接，对电容进行放电，确保数字万用表的安全。

（2）将功能旋转开关打至电容"F"测量挡，并选择合适的量程。

（3）将电容插入万用表CX插孔。

（4）读出LCD显示屏上数字。

2. 注意事项

（1）测量前电容需要放电，否则容易损坏万用表。

（2）测量后也要放电，避免埋下安全隐患。

（3）仪器本身已对电容挡设置了保护，故在电容测试过程中不用考虑极性及电容充放电等情况。

（4）测量电容时，将电容插入专用的电容测试座中（不要插入表笔插孔COM、V/Ω）。

（5）测量大电容时稳定读数需要一定的时间。

（6）电容的单位换算：$1\mu F = 106pF$，$l\mu F = 103nF$。

项目二

电气控制系统常用低压电器元件及其应用

2.1 项目描述

本项目的主要内容是介绍电气实训台中使用并常见的低压电器元件，包括低压电器元件的定义、工作原理、特征、分类、作用、基本组成、用途、主要电气参数，选用规则以及低压电器元件的基本使用要求、操作与规范，并对电气实训台中常用的几种低压电器元件进行了详细介绍。

2.2 教学目标

通过本项目的学习与实践，学生应掌握以下知识和技能。

知识：

（1）了解电气实训台中常用的低压电器元件。

（2）了解常用的低压电器元件的分类。

（3）了解常用的低压电器元件的功能及用途。

（4）了解常用的低压电器元件主要电气参数分别是什么。

技能：

（1）熟悉常用的低压电器元件的选用规则与要求。

（2）熟悉各种常用的低压电器元件的电气原理。

（3）熟练掌握各种常用的低压电器元件的电气符号。

（4）熟练掌握常用的低压电器元件的使用、线路连接、调试以及使用注意事项。

2.3　知识准备

2.3.1　低压电器元件基本介绍

1. 低压电器元件定义

电器是一种能根据外界信号（如机械力、电动力和其他物理量）和要求，手动或自动地接通、断开电路，实现对电路或非电对象的切换、控制、保护、检测、变换和调节的元件或设备。工作于 50Hz 或者 60Hz、额定电压 1000V 及以下，或者直流电压 1500V 及以下电路中的电器元件被称为低压电器元件。

在工业、农业、交通、国防以及居民用电中，大多数采用低压供电，因此电器元件的质量将直接影响到低压供电系统的可靠性。低压电器的发展，取决于国民经济的发展和现代工业自动化发展的需要，以及新技术、新工艺、新材料研究与应用，目前正朝着高性能、高可靠性、电子化、智能化、小型化、数模化、模块化、组合化和零部件通用化的方向发展。进入 21 世纪以来，低压电器元件还增加了可通信、高可靠、维护性能好、符合环保要求等特征，特别是新一代产品能与现场总线系统连接，实现系统网络化，使低压电器产品功能发生了质的飞跃。

2. 低压电器元件新技术特征

低压电器元件具有高性能、高可靠性、智能化、模块化且绿色环保等新技术特征。

（1）高性能。额定短路分断能力与额定短时耐受电流进一步提高。

（2）高可靠性。产品除要求较高的性能指标外，又可做到不降容使用，可以满容量长期使用而不会发生过热，从而实现安全运行。

（3）智能化。随着专用集成电路和高性能的微处理器的出现，如断路器实现了脱扣器的智能化，使断路器的保护功能大大加强，可实现过载长延时、短路短延时、短路瞬时、接地、欠压保护等功能，还可以在断路器上显示电压、电流、频率、有功功率、无功功率、功率因数等系统运行参数，并可以避免高次谐波的影响下发生误动作。

（4）现场总线技术。低压电器新一代产品实现了可通信、网络化，能与多种开放式的现场总线连接，进行双向通信，实现电器产品的遥控、遥信、遥测、遥调功能。现场总线技术的应用，不仅能对配电质量进行监控，减少损耗，而且能对同一区域电网中多台断路器实现区域连锁，实现配电保护的自动化，进一步提高配电系统的可靠性。工业现场总线领域使用的总线有 Profibus、Modbus、DeviceNet 等，其中 Modbus 与 Profibus 的影响较大。

（5）模块化、组合化。将不同功能的模块按照不同的需求组合成模块化的产品，是新一代产品的发展方向。如热磁式、电子式、电子可通信式脱扣器都可以互换。附件全部采用模块化结构，不需要打开盖子就可以安装。

（6）采用绿色材料。产品材料的选用、制造及使用过程不污染环境，符合欧盟环保指令。

3. 低压电器元件基本组成

低压电器元件一般有两个基本部分：一个是感测部分，它感测外界的信号，作出有规律的反应，在自控电器中，感测部分大多由电磁机构组成，在受控电器中，感测部分通常为操作手柄等；另一个是执行部分，如触点是根据指令进行电路的接通或切断的执行机构。

4. 低压电器元件的主要作用

低压电器能够依据操作信号或外界现场信号的要求，自动或手动地改变电路的状态、参数，实现对电路或被控对象的控制、保护、测量、指示、调节。

（1）控制作用。如工业机器人的上电断电控制，抓手的张开与闭合，皮带线的启停控制，自动拧螺栓的电批头控制等。

（2）调节作用。低压电器可对一些电量和非电量进行调整，以满足用户的要求，如皮带线的传送速度调节、光源亮度的调节等。

（3）保护作用。能根据设备的特点，对设备、环境及人身实行自动保护，如电机的过热保护、电网的短路保护、漏电保护等。

（4）指示作用。利用低压电器的控制、保护等功能，检测出设备运行状况与电气电路工作情况，如工作状态指示灯，报警指示灯等。

2.3.2　低压电器元件分类

控制电器按其工作电压的高低，以交流 1000V、直流 1500V 为界，可划分为高压控制电器和低压控制电器两大类。交流 1000V 及以下、直流 1500V 及以下的均称为低压电器。而低压电器元件又可以分为配电电器和控制电器两大类，是成套电气设备的基本组成元件。

低压电器的种类繁多，分类方法有很多种。

按动作方式可分为：

（1）手动电器——依靠外力直接操作来进行切换的电器，如刀开关、按钮开关等。

（2）自动电器——依靠电器本身参数变化（如电、磁、光等）或指令而自动完成动作切换或状态变化的电器，如接触器、继电器等。

按用途可分为：

（1）低压控制电器——主要在低压配电系统及动力设备中实现发布指令、控制系统状态及执行动作、起到控制作用，如刀开关、低压断路器、接触器、继电器等。

（2）低压保护电器——主要在低压配电系统及动力设备中对电路和用电设备起保护作用，如熔断器、热继电器等。

按原理可分为：

（1）电磁式电器——根据电磁感应原理来动作的电器。如交流、直流接触器，各种电磁式继电器，电磁铁等。

（2）非电量控制电器——依靠外力或非电量信号（如速度、压力、温度等）的变化而动作的电器。如转换开关、行程开关、速度继电器、压力继电器、温度继电器等。

按种类可分为：

刀开关、刀形转换开关、熔断器、低压断路器、接触器、继电器、主令电器和自动开关等。

1. 低压断路器

(1) 低压断路器简介

低压断路器又称自动空气开关或自动空气断路器，简称断路器，是一种不仅可以接通和分断正常负荷电流和过负荷电流，还可以接通和分断短路电流的开关电器，是一种既有手动开关作用又能自动进行失压、欠压、过载和短路保护的电器。当发生严重的过载或者短路及欠压等故障时能自动切断电路，其功能相当于熔断器式开关与过欠热继电器等组合，已获得了广泛的应用。几种低压断路器外形如图 2 – 1～图 2 – 4 所示。

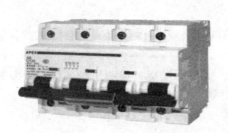

图 2 – 1　微型断路器（1）

图 2 – 2　微型断路器（2）

图 2 – 3　电子式漏电保护断路器（1）

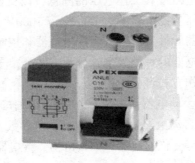

图 2 – 4　电子式漏电保护断路器（2）

2）低压断路器基本原理

低压断路器的结构原理图如图 2 – 5 所示，电气符号如图 2 – 6 所示，其工作原理如下：主触点 1 串联在被控制的电路中。将操作手柄扳到合闸位置时，搭扣 3 钩住锁键 2，主触点 1 闭合，电路接通。由于触点的连杆被锁钩 3 锁住，使触点保持闭合状态，同时分断弹簧被拉长，为分断做准备。瞬时过电流脱扣器（磁脱扣）12 的线圈串联于主电路，当电流为正常值时，衔铁吸力不够，处于打开位置。当电路电流超过规定值时，电磁吸力增加，衔铁 11 吸合，通过杠杆 5 使搭扣 3 脱开，主触点在弹簧 13 作用下切断电路，这就是瞬时过电流或短路保护作用。当电路失压或电压过低时，欠压脱扣器 8 的衔铁 7 释放，同样由杠杆 5 使搭扣 3 脱开，起到欠压和失压保护作用。当电源恢复正常时，必须重新合闸后才能工作。长时间过载使得过流脱扣器的双金属片（热脱扣）10 弯曲，同样由杠杆 5 使搭扣 3 脱开，起到过载（过流）保护作用。

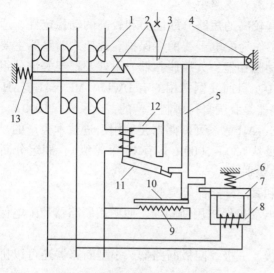

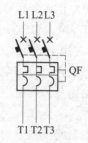

图 2 – 5　低压断路器结构原理图　　　　图 2 – 6　低压断路器的电气符号

3）低压断路器的主要技术参数

（1）额定电压　额定电压是指断路器在规定条件下长期运行所能承受的工作电压，一般指线电压。常用的有 380V、500V、660V 等。在实际使用中它应大于电路的额定电压。

（2）额定绝缘电压　额定绝缘电压是指在规定条件下，用来度量断路器在不同电位部分的绝缘强度、电气间隙和爬电距离的标称电压值。其值一般等于或大于额定电压。

（3）额定电流　额定电流分为断路器额定电流和断路器壳架等级额定电流。断路器额定电流是指在规定条件下，断路器可长期通过的电流，又称为脱扣器额定电流；断路器壳架等级额定电流是指断路器的框架或塑料外壳中脱扣器的额定电流。例如 DZ10 – 100/330 型低压断路器壳架等级额定电流为 100A，断路器额定电流等级有 15A、20A、25A、30A、40A、50A、60A、80A、100A 等九种。其中最大的额定电流 100A 与壳架等级额定电流一致。

（4）额定短路分断能力　断路器在规定条件［如规定的电压、频率以及规定的电路参数（交流电路为功率因数，直流电路为时间常数)］下，所能分断的最大短路电流值。

（5）分断时间　分断时间是指从电网出现短路的瞬间开始到触点分离、电弧熄灭、电路被完全分断所需要的全部时间。

4）低压断路器分类

低压断路器种类很多，可按结构形式、灭弧介质、用途、极数、操作方式等来分类。

（1）按结构形式分为开启式和装置式两种，开启式又称为框架式或万能式，装置式又称为塑料壳式。

装置式断路器有绝缘塑料外壳，内装触点系统、灭弧室及脱扣器等，可手动或电动（对大容量断路器而言）合闸。有较高的分断能力和动稳定性，有较完善的选择性保护功能，广泛用于配电线路。目前常用的有 DZ15、DZ20、DZX19、C45N（目前已升级为 C65N）等系列产品。其中 C45N（C65N）断路器具有体积小、分断能力高、限流性能好、操作轻便、型号规格齐全，可以方便地在单极结构基础上组合成二极、三极、四极断路器等优点，广泛使用在60A及以下的支干线及支路中。

框架式断路器一般容量较大，具有较高的短路分断能力和较高的动稳定性，适用于交流50Hz、额定电流380V的配电网络中作为配电干线的主保护。框架式断路器主要由触点系统、操作机构、过电流脱扣器、分励脱扣器、欠压脱扣器、附件及框架等部分组成，全部组件进行绝缘后装于框架结构底座中。目前我国常用的有DW15、ME、AE、AH等系列的框架式低压断路器。DW15系列断路器是我国自行研制生产的，全系列有1000A、1500A、2500A和4000A等几个型号。ME、AE、AH等系列断路器是利用引进技术生产的。它们的规格型号较为齐全（ME开关电流等级从630～5000A共有13个等级），额定分断能力较DW15更强，常用于低压配电干线的主保护。

（2）按灭弧介质分为空气断路器和真空断路器等类型。

（3）按用途分为配电用断路器、电动机保护用断路器、照明用断路器和配电保护断路器等几种类型。

（4）按主电路极数分为单极、两极、三极、四极断路器。小型断路器还可以拼装组合成多极断路器。

（5）按保护脱扣器种类分为短路瞬时脱扣器、短路短延时脱扣路、过级长延时反时限保护脱扣器、欠电压瞬时脱扣器、欠电压延时脱扣器等。脱扣器是断路器的一个组成部分。根据不同的用途，断路器可配备不同的脱扣器。以上各类脱扣器在断路器中可单独或组合成非选择性或选择性保护断路器。智能化保护脱扣器由微机控制，保护功能更多，选择性更好，这种断路器称为智能断路器。

（6）按操作方式分为手动操作、电动操作和储能操作。

（7）按分断速度分为一般型和快速型。一般型动作时间在20ms以上，一般为工业用。快速型动作时间在10～20ms，多用于直流。

（8）低压断路器按性能又可分为普通式和限流式两种。限流式断路器一般具有特殊结构的触点系统，当短路电流通过时，触点在电动力作用下拆开而提前呈现电弧，利用电弧产生的电磁力小于反作用力弹簧的拉力，衔铁不能被电磁铁吸动，断路器正常运行。当线路中出现短路故障时，电流超过正常电流的若干倍，电磁铁产生的电磁力大于反作用力弹簧的作用力，衔铁被电磁铁吸动通过传动机构推动自由脱扣机构释放主触点，主触点在分闸弹簧的作用下分开切断电路，起到短路保护作用。

5）低压断路器基本构成

低压断路器主要由三个基本部分组成，即触点、灭弧系统和各种脱扣器，包括过电流脱扣器、失压（欠电压）脱扣器、热脱扣器、分励脱扣器和自由脱扣器。

下面以塑壳断路器为例简单介绍断路器的结构、工作原理、使用与选用方法。图2-7和图2-8是低压断路器结构示意图及图形符号。断路器开关是靠操作机构手动或电动合闸的，触点闭合后，自由脱扣机构将触点锁在合闸位置上。当电路发生上述故障时，通过各自的脱扣器使自由脱扣机构动作，自动跳闸以实现保护作用。分励脱扣器则作为远距离控制分断电路之用。

过电流脱扣器用于线路的短路和过电流保护，当线路的电流大于整定的电流值时，过电流脱扣器所产生的电磁力使挂钩脱扣，动触点在弹簧的拉力下迅速断开，实现断路器的跳闸功能。

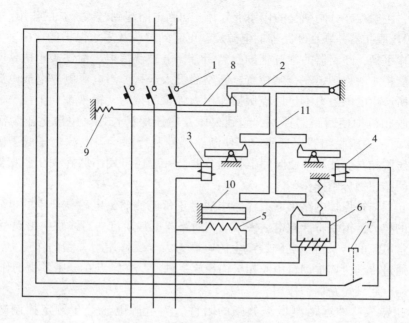

图 2 - 7　低压断路器结构示意图

1—主触点；2—自由脱扣器；3—过电流脱扣器；4—分励脱扣器；5—发热元件；6—失压脱扣器；
7—按钮；8—传动杆；9—弹簧；10—热脱扣器；11—杠杆

（1）触点　低压断路器的主触点在正常情况下可以接通、分断负荷电流，在故障情况下还必须可靠分断故障电流。主触点有单断口指式触点、双断口桥式触点、插入式触点等几种形式。主触点的动、静触点的接触处焊有银基合金触点，其接触电阻小，可以长时间通过较大的负荷电

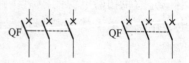

图 2 - 8　低压断路器图形符号

流。在容量较大的低压断路器中，还常将指式触点做成两挡或三挡，形成主触点、副触点和弧触点并联的形式。

　　一般两接触点分为弧触点和主触点。弧触点用耐弧金属材料制成，主触点和弧触点在断路器分、合闸时有不同的作用和操作次序。开关合闸时，弧触点承担合闸的电磨损；开关分闸时，弧触点承担电路分断时的强电弧，起保护主触点的作用；主触点承担长期通过负荷电流的任务。所以在合闸时弧触点先闭合、主触点后闭合；分闸时主触点先断开、弧触点后断开。

　　大容量的断路器中为了更好地保护主触点又增设了副触点，即为三接触点，合闸时的动作顺序为弧触点先闭合，然后副触点闭合，最后弧触点闭合；分闸时的操作顺序为弧触点先分断，然后副触点分断，最后主触点分断。

　　（2）脱扣器　脱扣器是一种用电压源激励的脱扣器，它的电压可与主电路电压无关。常见脱扣器有热脱扣器、失压脱扣器、欠电压脱扣器、电磁脱扣器、分励脱扣器。

　　热脱扣器与被保护电路串联。线路中通过正常电流时，发热元件发热使双金属片弯曲至一定程度（刚好接触到传动机构）并达到动态平衡状态，双金属片不再继续弯曲。若出现过载现象时，线路中电流增大，双金属片将继续弯曲，通过传动机构推动自由脱扣机构

释放主触点，主触点在分闸弹簧的作用下分开，切断电路起到过载保护的作用。

失压/欠压脱扣器并联在断路器的电源测，可起到欠压及零压保护的作用。电源电压正常时扳动操作手柄，断路器的常开辅助触点闭合，电磁铁得电，衔铁被电磁铁吸住，自由脱扣机构才能将主触点锁定在合闸位置，断路器投入运行。当电源侧停电或电源电压过低时，电磁铁所产生的电磁力不足以克服反作用力弹簧的拉力，衔铁被向上拉，通过传动机构推动自由脱扣机构使断路器掉闸，起到欠压及零压保护作用。电源电压为额定电压的75%～105%时，失压脱扣器保证吸合，使断路器顺利合闸。当电源电压低于额定电压的40%时，失压脱扣器保证脱开使断路器掉闸分断。一般还可用串联在失压脱扣器电磁线圈回路中的常闭按钮做分闸操作。

电磁脱扣器与被保护电路串联。线路中通过正常电流时，电磁铁产生的电磁力小于反作用力弹簧的拉力，衔铁不能被电磁铁吸动，断路器正常运行。当线路中出现短路故障时，电流超过正常电流的若干倍，电磁铁产生的电磁力大于反作用力弹簧的作用力，衔铁被电磁铁吸动，通过传动机构推动自由脱扣机构释放主触点，主触点在分闸弹簧的作用下分开，从而切断电路，起到短路保护作用。

分励脱扣器是一种远距离操纵分闸的附件。当电源电压等于额定控制电源电压的70%～110%之间的任一电压时，就能可靠分断断路器。分励脱扣器是短时工作制，线圈通电时间一般不能超过1s，否则线圈会被烧毁。塑壳断路器为防止线圈烧毁，在分励脱扣线圈串联一个微动开关，当分励脱扣器通过衔铁吸合，微动开关从常闭状态转换成常开，由于分励脱扣器电源的控制线路被切断，即使人为地按住按钮，分励线圈也始终不再通电，这就避免了线圈烧损情况的产生。当断路器再扣合闸后，微动开关重新处于常闭位置。

（3）灭弧装置　低压断路器中的灭弧装置一般为栅片式灭罩，灭弧室的绝缘壁一般用钢板纸压制或用陶土烧制。

2. 接触器

1）接触器简介

接触器广义上是指工业电领域利用线圈流过电流产生磁场，使触点闭合，以达到控制负载的电器。接触器由电磁线圈、静衔铁、动衔铁、静触点、动触点和固定支架组成。其原理是当接触器的电磁线圈通入交流电时，会产生很强的磁场使装在线圈中心的静衔铁吸动动衔铁，当两组衔铁合拢时，安装在动衔铁上的动触点也随之与静触点闭合，使电气线路接通。当断开电磁线圈中的电流时，磁场消失，接触器在弹簧的作用下恢复到断开的状态。在工业电器中，接触器的型号很多，电流在5～1000A不等，它应用于电力、配电与用电场合，其用处相当广泛。

在电工学上，因为可快速切断交流与直流主回路和可频繁地接通与大电流控制电路的装置，所以经常运用于电动机的控制场合，也可用作设备、电热器、各样电力机组等电力负载，接触器不仅能接通和切断电路，而且还具有低电压释放保护作用。接触器控制容量大，适用于频繁操作和远距离控制，是自动控制系统中的重要元件之一。

接触器总体的发展趋势将朝着长电气寿命、高可靠性、多功能、环保型、多规格、智能化、可通信化的方向发展。图2-9～图2-12所示为几种常见的接触器。

接触器外形图：

图 2－9　接触器（1）

图 2－10　接触器（2）

图 2－11　接触器（3）

图 2－12　接触器（4）

2）接触器基本原理

接触器的工作原理是：当接触器线圈通电后，线圈电流会产生磁场，产生的磁场使静铁芯产生电磁吸力吸引动铁芯，由于触点系统是与动铁芯联动的，因此动铁芯带动交流接触器点动作，常闭触点断开，常开触点闭合，两者是联动的。当线圈断电时，电磁吸力消失，衔铁在释放弹簧的反作用力作用下释放分离，使主触点断开，切断电源，触点复原，常开触点断开，常闭触点闭合。

交流接触器利用主触点来控制电路，用辅助触点来导通控制回路。主接点一般是常开触点，而辅助触点常有两对常开触点和常闭触点，小型的接触器也经常作为中间继电器配合主电路使用。交流接触器的触点，由银钨合金制成，具有良好的导电性和耐高温烧蚀性。

交流接触器动作的动力源于交流通过带铁芯线圈产生的磁场，电磁铁芯由两个"山"字形的硅钢片叠成，其中一个是固定铁芯，套有线圈，工作电压有多种选择。为了使磁力稳定，铁芯的吸合面加上短路环。交流接触器在失电后，依靠弹簧复位。另一个是活动铁芯，构造和固定铁芯一样，用以带动主触点和辅助触点的闭合/断开。20A 以上的接触器加有灭弧罩，利用电路断开时产生的电磁力，快速拉断电弧，保护触点。接触器可高频率操作，作为电源开启与切断控制时，最高操作频率可达每小时 1200 次。接触器的使用寿命很高，机械寿命通常为数百万次至一千万次，电寿命一般则为数十万次至数百万次。交流接触器电气符号如图 2 - 13 所示。

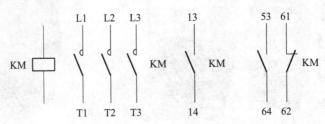

图 2 - 13　交流接触器电气符号

3）接触器的主要技术参数

（1）额定电压　指主触点额定工作电压，应等于负载的额定电压。一个接触器常规定几个额定电压，同时列出相应的额定电流或控制功率。通常，最大工作电压即为额定电压。常用的额定电压值为 220V、380V、660V 等。

（2）额定电流　指器触点在额定工作条件下的电流值。380V 三相电动机控制电路中，额定工作电流可近似等于控制功率的两倍。常用额定电流等级为 5A、10A、20A、40A、60A、100A、150A、250A、400A、600A。

（3）通断能力　可分为最大接通电流和最大分断电流。最大接通电流是指触点闭合时不会造成触点熔焊时的最大电流值；最大分断电流是指触点断开时能可靠灭弧的最大电流。一般通断能力是额定电流的 5～10 倍。当然，这一数值与开断电路的电压等级有关，电压越高，通断能力越小。

（4）动作值　可分为吸合电压和释放电压。吸合电压是指接触器吸合前，缓慢增加吸合线圈两端的电压，接触器可以吸合时的最小电压。释放电压是指接触器吸合后，缓慢降低吸合线圈的电压，接触器释放时的最大电压。一般规定，吸合电压不低于线圈额定电压的 85%，释放电压不高于线圈额定电压的 70%。

（5）吸引线圈额定电压　指接触器正常工作时，吸引线圈上所加的电压值。一般该电压数值以及线圈的匝数、线径等数据均标于线包上，而不是标于接触器外壳铭牌上，使用时应加以注意。

（6）操作频率　接触器在吸合瞬间，吸引线圈需消耗比额定电流大 5～7 倍的电流，如果操作频率过高，则会使线圈严重发热，直接影响接触器的正常使用。为此，规定了接触器的允许操作频率，一般为每小时允许操作次数的最大值。

（7）寿命　包括电气寿命和机械寿命。目前接触器的机械寿命已达一千万次以上，电气寿命约是机械寿命的 5%～20%。

4）接触器分类

按主触点连接回路的形式分为交流接触器和直流接触器。交流接触器由电磁机构、触点系统、灭弧装置及辅助部件组成。交流接触器的铁芯采用硅钢片叠压而成，以减少交变磁场在铁芯中产生的电涡流和磁滞损耗，防止铁芯过热。交流接触器的铁芯端部装有短路环，以消除因交流电过零点时，动、静铁芯之间产生的振动和噪声。大容量的交流接触器采用半封闭式绝缘栅片陶土灭弧装置。直流接触器一般采用磁吹式灭弧装置。

按操作机构分为电磁式接触器和永磁式接触器。永磁交流接触器是利用磁极的同性相斥、用永磁驱动机构取代传统的电磁铁驱动机构而形成的一种微功耗接触器。

按主触点极数可分为单极、双极、三极、四极和五极接触器。单极接触器主要用于单相负荷，如照明负荷、焊机等，在电动机能耗制动中也可采用；双极接触器用于绕线式异步电机的转子回路中，启动时用于短接启动绕组；三极接触器用于三相负荷，例如在电动机的控制及其他场合，使用最为广泛；四极接触器主要用于三相四线制的照明线路，也可用来控制双回路电动机负载；五极交流接触器用来组成自耦补偿启动器或控制双笼型电动机，以变换绕组接法。

按灭弧介质可分为空气式接触器、真空式接触器等。依靠空气绝缘的接触器用于一般负载，而采用真空绝缘的接触器常用在煤矿、石油、化工企业及电压为 660V 和 1140V 等一些特殊的场合。

按有无触点可分为有触点接触器和无触点接触器。常见的接触器多为有触点接触器，而无触点接触器属于电子技术应用的产物，一般采用晶闸管作为回路的通断元件。由于可控硅导通时所需的触发电压很小，而且回路通断时无火花产生，因而可用于高操作频率的设备和易燃、易爆、无噪声的场合。

5）接触器基本构成

交流接触器主要组成部分：

（1）电磁系统，包括吸引线圈、动铁芯和静铁芯；

（2）触点系统，包括三组主触点和一至两组常开、常闭辅助触点，它和动铁芯是连在一起互相联动的；

（3）灭弧装置，一般容量较大的交流接触器都设有灭弧装置，以便迅速切断电弧，免于烧坏主触点；

（4）绝缘外壳及附件，各种弹簧、传动机构、短路环、接线柱等。

接触器结构图如图 2 - 14 所示，交流接触器实物如图 2 - 15 所示。

3. 开关电源

1）开关电源简介

开关电源是利用现代电力电子技术，控制开关导通和关断的时间比率，维持稳定输出电压的一种电源，开关电源一般由脉冲宽度调制（PWM）控制 IC 和 MOSFET 构成。随着电力电子技术的发展和创新，使得开关电源技术也在不断地创新。目前，开关电源以小型、轻量和高效率的特点被广泛应用于几乎所有的电子设备，是当今电子信息产业飞速发展不可缺少的一种电源方式。图 2 - 16 和图 2 - 17 所示为两种单组输出开关电源。

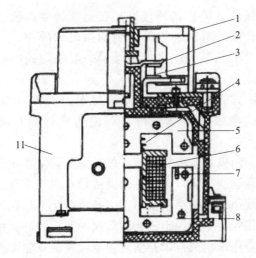

（a）带灭弧罩的两层结构（CJ20－40接触器）

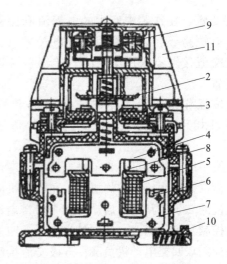

（b）三层两段式结构（CJ20－25接触器）

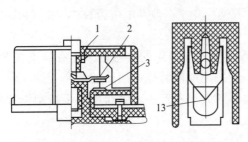

（c）CJ20－40接触器触点纵缝灭弧

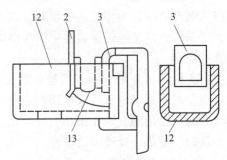

（d）CJ20－25接触器触点灭弧

图2－14　接触器结构图

1—灭弧罩；2—动触点；3—静触点；4—动铁芯；5—线圈；6—短路环；7—静铁芯；8—反作用弹簧；

9—辅助触点；10—导轨卡簧；11—外壳；12—U形片；13—电弧交流接触器主体

（a）

1—主电路常开触点输入端L2；2—主电路常开触点输入端L1；3—主电路常开触点输出端T1；

4—主电路常开触点输出端T2；5—主电路常开触点输出端T3；6—控制电路常开触点输出端14；

7—手动测试按钮；8—控制电路常开触点输入端13；9—主电路常开触点输入端L3

图2－15　交流接触器实物

（b）

1—控制电路常开触点输入端；2—控制电路常开触点输入端；

3—控制电路常闭触点输入端；4—控制电路常闭触点输入端

图 2 – 15　交流接触器实物（续）

图 2 – 16　100W 单组输出开关电源

图 2 – 17　120W 单组输出开关电源

2）开关电源基本原理

开关电源的工作过程相当容易理解，在线性电源中，让功率晶体管工作在线性模式，与线性电源不同的是，PWM 开关电源是让功率晶体管工作在导通和关断的状态，在这两种状态中，加在功率晶体管上的伏安乘积是很小的（在导通时，电压低，电流大；关断时，电压高，电流小），功率器件上的伏安乘积就是功率半导体器件上所产生的损耗。

与线性电源相比，PWM 开关电源更为有效的工作过程是通过"斩波"，即把输入的直流电压斩成幅值等于输入电压幅值的脉冲电压来实现的。脉冲的占空比由开关电源的控制器来调节。一旦输入电压被斩成交流方波，其幅值就可以通过变压器来升高或降低。通过增加变压器的二次绕组数就可以增加输出的电压值。最后这些交流波形经过整流滤波后得到直流输出电压。图 2 – 18 所示为开关电源的伯特图。

控制器的主要目的是保持输出电压稳定，其工作过程与线性形式的控制器很类似。也

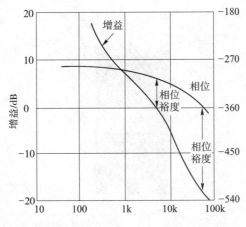

图 2-18　开关电源的伯特图

就是说控制器的功能块、电压参考和误差放大器，可以设计成与线性调节器相同。它们的不同之处在于，误差放大器的输出（误差电压）在驱动功率管之前要经过一个电压/脉冲宽度转换单元。

开关电源有两种主要的工作方式：正激式变换和升压式变换。尽管它们各部分的布置差别很小，但是工作过程相差很大，在特定的应用场合下各有优点。

3）开关电源工作模式

顾名思义，开关电源就是利用电子开关器件（如晶体管、场效应管、可控硅闸流管等），通过控制电路，使电子开关器件不停地"接通"和"关断"，让电子开关器件对输入电压进行脉冲调制，从而实现 DC/AC、DC/DC 电压变换，以及输出电压的可调和自动稳压。

开关电源一般有三种工作模式：频率、脉冲宽度固定模式，频率固定、脉冲宽度可变模式，频率、脉冲宽度可变模式。前一种工作模式多用于 DC/AC 逆变电源，或 DC/DC 电压变换；后两种工作模式多用于开关稳压电源。另外，开关电源输出电压也有三种工作方式：直接输出电压方式、平均值输出电压方式、幅值输出电压方式。同样，前一种工作方式多用于 DC/AC 逆变电源，或 DC/DC 电压变换；后两种工作方式多用于开关稳压电源。

根据开关器件在电路中连接的方式，开关电源大体上可分为串联式开关电源、并联式开关电源、变压器式开关电源等三大类。其中，变压器式开关电源（后面简称变压器开关电源）还可以进一步分成推挽式、半桥式、全桥式等多种。根据变压器的激励和输出电压的相位，又可以分成正激式、反激式、单激式和双激式等多种。如果从用途上来分，还可以分成更多种类。

4）开关电源主要技术参数

（1）开关电源的电气性能指标。

①输入特性：输入电压类型及电压范围，电网频率，谐波失真。

②输出特性：额定输出电压，额定输出电流，稳压精度（电压调整率和负载调整率），瞬态响应，输出纹波电压及纹波电流，输出噪声电压。

③电气绝缘。开关电源的电气绝缘是安全指标中的重要内容，出厂的开关电源必须经

过电气绝缘试验，才能够投入市场使用。交流输入端对直流输出端的电气绝缘测试、漏电流测试。

④控制方式及控制功能：电压型控制方式，电流型控制方式，外部关断功能，远程遥控功能，数控功能。

⑤保护功能：开关电源必须有完善的保护措施，常见的保护有过流保护、短路保护、过压保护、放反接的极性保护和过热保护等。必要时还可增加输入、输出电压及电流监视器，保护继电器，报警器，自动/手动复位电路等。有条件的还应对样机进行电磁兼容性试验。

（2）力学性能指标：体积、重量等。

（3）环境工作条件：环境温度、存储温度、相对湿度、高度、散热条件（自然冷却、风扇冷却）等。

（4）可靠性指标：通常用平均故障间隔时间（mean time between failures，MTBF）来表示。MTBF 一般应大于 100000h。

5）开关电源分类

（1）现代开关电源有两种：直流开关电源和交流开关电源。

（2）DC/DC 转换器按输入与输出之间是否有电气隔离可以分为两类：

①隔离式 DC/DC 转换器。

隔离式 DC/DC 转换器可以按有源功率器件的个数来分类。单管的 DC/DC 转换器有正激式（forward）和反激式（flyback）两种。双管 DC/DC 转换器有双管正激式（double transistor forward converter），双管反激式（double transistr flyback converter）、推挽式（push‐pull converter）和半桥式（half‐bridge converter）四种。四管 DC/DC 转换器有全桥 DC/DC 转换器（full‐bridge converter）。

②非隔离式 DC/DC 转换器。

非隔离式 DC/DC 转换器，按有源功率器件的个数可以分为单管、双管和四管三类。按开关电源内部结构图不同单管 DC/DC 转换器共有六种，即降压式（buck）DC/DC 转换器、升压式（boost）DC/DC 转换器、升压降压式（buck boost）DC/DC 转换器、Cuk DC/DC 转换器、Zeta DC/DC 转换器和 SEPIC DC/DC 转换器。在这六种单管 DC/DC 转换器中，降压式和升压式 DC/DC 转换器是基本的，升压降压式、Cuk、Zeta、SEPIC DC/DC 转换器是从中派生出来的。双管 DC/DC 转换器有双管串接的升压式（Buck‐Boost）DC/DC 转换器。四管 DC/DC 转换器常用的是全桥 DC/DC 转换器。

（3）DC/DC 转换器按能量的传输分为单向传输和双向传输两种。具有双向传输功能的 DC/DC 转换器，既可以从电源侧向负载侧传输功率，也可以从负载侧向电源侧传输功率。

（4）DC/DC 转换器也可以分为自激式和他控式：

借助转换器本身的正反馈信号实现开关管自持周期性开关的转换器，叫作自激式转换器，如洛耶尔（Royer）转换器就是一种典型的推挽自激式转换器。他控式 DC/DC 转换器中的开关器件控制信号，是由外部专门的控制电路产生的。

（5）按照开关器件的开关条件分为硬开关和软开关两种。

①硬开关（hard switching）DC/DC 转换器的开关器件是在承受电压或流过电流的情况下开通或关断电路的，因此在开通或关断过程中将会产生较大的交叠损耗，即所谓的开关

损耗（switching loss）。当转换器的工作状态一定时开关损耗也是一定的，而且开关频率越高，开关损耗越大，同时在开关过程中还会激起电路分布电感和寄生电容的振荡，带来附加损耗，因此，硬开关 DC/DC 转换器的开关频率不能太高。

②软开关（soft switching）DC/DC 转换器的开关器件，在开通或关断过程中，或是加于其上的电压为零，即零电压开关（zero-voltage-switching，ZVS），或是通过开关器件的电流为零，即零电流开关（zero-current-switching，ZCS）。这种软开关方式可以显著地减小开关损耗，以及开关过程中激起的振荡，使开关频率可以大幅度提高，为转换器的小型化和模块化创造了条件。功率场效应管（MOSFET）是应用较多的开关器件，它有较高的开关速度，但同时也有较大的寄生电容。它关断时，在外电压的作用下，其寄生电容充满电，如果在其开通前不将这一部分电荷放掉，则将消耗于器件内部，这就是容性开通损耗。为了减小或消除这种损耗，功率场效应管宜采用零电压开关（ZVS）方式。绝缘栅双极性晶体管（insulated gate bipolar tansistor，IGBT）是一种复合开关器件，关断时的电流拖尾会导致较大的关断损耗，如果在关断前使流过它的电流降到零，则可以显著地降低开关损耗，因此 IGBT 宜采用零电流开关（ZCS）方式。IGBT 在零电压条件下关断，同样也能减小关断损耗，但是 MOSFET 在零电流条件下开通时，并不能减小容性开通损耗。谐振转换器（resonant converter，RC）、准谐振转换器（qunsi-tesonant converter，QTC）、多谐振转换器（multi-resonant converter，MRC）、零电压开关 PWM 转换器（ZVS PWM converter）、零电流开关 PWM 转换器（ZCS PWM converter）、零电压转换（zero-voltage-transition，ZVT）PWM 转换器和零电流转换（zero-voltage-transition，ZVT）PWM 转换器等，均属于软开关直流转换器。电力电子开关器件和零开关转换器技术的发展，促使了高频开关电源的发展。

6）开关电源基本构成

开关电源大致由主电路、控制电路、检测电路、辅助电源四大部分组成。

（1）主电路主要作用包括以下几方面。

冲击电流限幅：限制接通电源瞬间输入侧的冲击电流。

输入滤波：过滤电网存在的杂波及阻碍本机产生的杂波反馈回电网。

整流与滤波：将电网交流电源直接整流为较平滑的直流电。

逆变：将整流后的直流电变为高频交流电，这是高频开关电源的核心部分。

输出整流与滤波：根据负载需要，提供稳定可靠的直流电源。

（2）控制电路一方面从输出端取样，与设定值进行比较，然后去控制逆变器，改变其脉宽或脉频，使输出稳定；另一方面，根据测试电路提供的数据，经保护电路鉴别，提供控制电路对电源进行各种保护措施。

（3）检测电路提供保护电路中正在运行中各种参数和各种仪表数据。

（4）辅助电源实现电源的软件（远程）启动，为保护电路和控制电路（PWM 等芯片）工作供电。

4. 继电器

1）继电器简介

继电器是一种电气控制器件，是当输入量（激励量）的变化达到规定要求时，在电气输出电路中使被控量发生预定的阶跃变化的一种电器（图 2-19、图 2-20）。它具有控制系统（又称输入回路）和被控制系统（又称输出回路）之间的互动关系。它通常应用于自动化的控制电路中，实际上是用小电流去控制大电流运作的一种"自动开关"，故在电路中起着自动调节、安全保护、转换电路、隔离等作用。广泛应用于自动控制、通信、遥测、电力电子等设备中，是最重要的控制元件之一。

图 2 - 19　电磁继电器（中间继电器）　　图 2 - 20　电磁继电器（PCB 焊接式）

继电器一般都有能反映一定输入变量（如电流、电压、功率、阻抗、频率、温度、压力、速度、光等）的感应机构（输入部分）；有能对被控电路实现"通""断"控制的执行机构（输出部分）；在继电器的输入部分和输出部分之间，还有对输入量进行耦合隔离、功能处理和对输出部分进行驱动的中间机构（驱动部分）。

作为控制元件，概括起来，继电器有如下几种作用：

（1）扩大控制范围：例如，多触点继电器控制信号达到某一定值时，可以按触点组的不同形式，同时换接、开断、接通多路电路。

（2）放大：例如，灵敏型继电器、中间继电器等，用一个很微小的控制量，可以控制很大功率的电路。

（3）综合信号：例如，当多个控制信号按规定的形式输入多绕组继电器时，经过比较综合，达到预定的控制效果。

（4）自动、遥控、监测：例如，自动装置上的继电器与其他电器一起，可以组成程序控制线路，从而实现自动化运行。

2）继电器基本原理

以电磁继电器为例介绍其工作原理，原理结构图如图 2 - 21 所示，典型继电器内部结构如图 2 - 22 所示，其符号如图 2 - 23 所示。继电器工作时，通过在线圈两端加上一定的电压，线圈中产生电流，从而产生电磁效应，衔铁就会在电磁力吸引的作用下克服复位弹簧的拉力吸向铁芯，来控制触点的闭合，当线圈失电后，电磁吸力消失，衔铁会在复位弹簧的反作用力下返回原来的位置，使触点断开，通过该方法控制电路的导通与切断。

3）继电器的主要技术参数

（1）额定工作电压是指继电器正常工作时线圈所需要的电压。根据继电器的型号不同，可以是交流电压，也可以是直流电压。

（2）直流电阻是指继电器中线圈的直流电阻，可以通过万能表测量。

（3）吸合电流是指继电器能够产生吸合动作的最小电流。在正常使用时，给定的电流必须略大于吸合电流，这样继电器才能稳定地工作。而对于线圈所加的工作电压，一般不

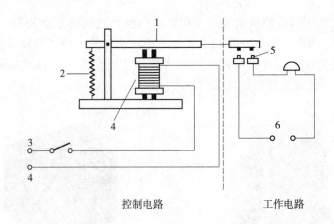

图 2-21 电磁继电器原理结构图

1—衔铁；2—弹簧；3—信号电源；4—电磁铁；5—触点；6—工作电源

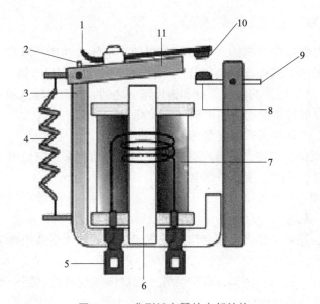

图 2-22 典型继电器的内部结构

1—动触点；2—铰链；3—衔铁；4—复位弹簧；5—线圈接线端子；6—铁芯；7—线圈；
8—静触点；9—静触点接线端子；10—动触点；11—动铁片

要超过额定工作电压的 1.5 倍，否则会产生较大的电流而把线圈烧毁。

（4）释放电流是指继电器产生释放动作的最大电流。当继电器吸合状态的电流减小到一定程度时，继电器就会恢复到未通电的释放状态。这时的电流远远小于吸合电流。

图 2-23 继电器符号

（5）触点切换电压和电流是指继电器允许加载的电压和电流。它决定了继电器能控制电压和电流的大小，使用时不能超过此值，否则很容易损坏继电器的触点。

4）继电器分类

继电器应用广泛，种类繁多，按不同的分类方式来划分如下：

（1）按继电器的工作原理或结构特征分类。

①电磁继电器：利用输入电路内电路在电磁铁铁芯与衔铁间产生的吸力作用而工作的一种电气继电器（图2-24～图2-26）。

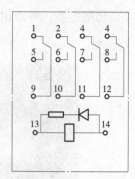

图2-24 电磁继电器顶视图　　　图2-25 电磁继电器底视图　　　图2-26 电磁继电器底视接线图

②固态继电器：指电子元件履行其功能而无机械运动构件的，输入和输出隔离的一种继电器（图2-27～图2-29）。

图2-27 大功率单相固态继电器　　图2-28 固态继电器（PCB焊接式）　　图2-29 固态继电器

③温度继电器：有的也称之为温控仪表，感测环境温度，或者其他被测对象，当环境或者被测对象温度达到给定值时而动作的继电器（图2-30、图2-31）。

图2-30 数字式温度继电器　　　　　图2-31 模拟式温度继电器

④舌簧继电器：利用密封在管内、具有触电簧片和衔铁磁路双重作用的舌簧动作来开闭或转换线路的继电器。

⑤时间继电器：当加上或除去输入信号时，输出部分需延时或限时到规定时间才闭合或断开其被控线路的继电器（图2-32~图2-38）。

⑥高频继电器：用于切换高频、射频线路而具有最小损耗的继电器。

⑦极化继电器：有极化磁场与控制电流通过控制线圈所产生的磁场综合作用而动作的

图2-32　模拟式时间继电器（顶视图）

图2-33　模拟式时间继电器（侧视图）

图2-34　模拟式时间继电器（底视图）

图2-35　数字式时间继电器及底座（顶视图）

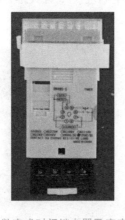

图2-36　数字式时间继电器及底座（侧视图）

图2-37　数字式时间继电器（1）

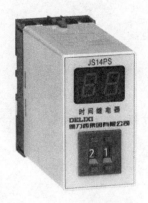

图 2 – 38　数字式时间继电器（2）

继电器。继电器的动作方向取决于控制线圈中流过的电流方向。

⑧热继电器：当外界温度达到规定要求时而动作的继电器（图 2 – 39、图 2 – 40）。与上述的温度继电器不一样，该热继电器感测的温度是线路中的热量，以防止线路电流过大，造成线路发热过大，导致线路融化、火灾等。

图 2 – 39　热继电器（1）　　　　　图 2 – 40　热继电器（2）

⑨磁保持继电器：利用永久磁铁或具有很高剩磁特性的零件，使电磁继电器的衔铁在其线圈断电后仍能保持在线圈通电时的位置上的继电器。

⑩其他类型的继电器：如液位继电器、光继电器、声继电器、仪表式继电器、霍尔效应继电器、差动继电器、真空继电器、同轴继电器等。

（2）按继电器的外形尺寸分类：

①微型继电器；

②超小型继电器；

③小型继电器。

注：对于密封或封闭式继电器，外形尺寸为继电器本体三个相互垂直方向的最大尺寸，不包括安装件、引出端、压筋、压边、翻边和密封焊点的尺寸。

（3）按继电器的负载分类：

①微功率继电器；

②弱功率继电器；

③中功率继电器；

④大功率继电器。

（4）按继电器的防护特征分类：

①密封继电器；

②封闭式继电器；

③敞开式继电器。

（5）按继电器按照动作原理分类：

①电磁型继电器；

②感应型继电器；

③整流型继电器；

④电子型继电器；

⑤数字型继电器等。

（6）按反应的物理量分类：

①电流继电器；

②电压继电器；

③功率方向继电器；

④阻抗继电器；

⑤频率继电器；

⑥气体（瓦斯）继电器。

（7）按继电器在保护回路中所起的作用分类：

①启动继电器；

②量度继电器；

③时间继电器；

④中间继电器；

⑤信号继电器；

⑥出口继电器。

5）继电器基本构成

电磁继电器由电磁机构和触点系统两个主要部分组成（图2-41）。电磁机构由线圈1、铁芯2、衔铁7组成。触点系统由于其触点都接在控制电路中，且电流小，故不装设灭弧装置。它的触点一般为桥式触点，有动合和动断两种形式。另外，为了实现继电器动作参数的改变，继电器一般还具有改变弹簧松紧和改变衔铁打开后气隙大小的装置，即反作用调节螺钉6。

当通过电流线圈1的电流超过某一定值，电磁吸力大于反作用弹簧力，衔铁7吸合并带动绝缘支架动作，使动断触点9断开，动合触点10闭合。通过调节螺钉6来调节反作用力的大小，即调节继电器的动作参数值。

从电路角度来看，继电器分为两个部分：一个是控制部分，即输入回路；另一个是被控制部分，即输出回路。当继电器的控制部分输入一个达到某一定值的物理量（如电、磁、光、热、声等）时，它的被控制部分中的电参量就能发生跳跃式变化，如图2-42所示，X表示输入回路的物理量，Y表示输出回路的物理量。

从广义上讲，凡是具有自动完成继电特性能力的元器件，皆称为继电器。电磁继电器

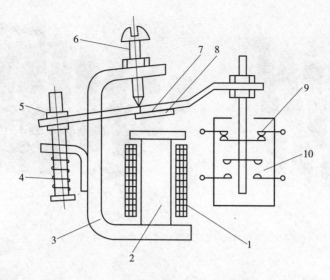

图2-41　电磁继电器结构示意图

1—线圈；2—铁芯；3—磁轭；4—弹簧；5—调节螺母；6—调节螺钉；
7—衔铁；8—百磁性垫片；9—动断触点；10—动合触点

图2-42　继电器的输入和输出

输入、输出回路的参数均为电参量。继电器由三个部分组成。

检测机构：接受输入信号，并将信号变换成为使继电器动作的物理量。例如：电磁继电器的电磁系统。

中间机构：提供控制的标准比较量。例如：电磁继电器的反作用弹簧或簧片。

执行机构：改变输出回路的电参数。例如：电磁继电器的接触系统。所以，继电器又是一种反应与传递信号的电器元件。

5. 按钮

1）按钮简介

按钮开关是指利用按钮推动传动机构，使动触点与静触点接通或断开并实现电路换接的开关。按钮开关是一种结构简单、应用十分广泛的主令电器，在电气自动控制电路中，用于手动发出控制信号以控制接触器、继电器、电磁启动器等。

按钮开关可以完成启动、停止、正反转、变速及互锁等基本控制。通常每一个按钮开关有两对触点。每对触点由一个常开触点和一个常闭触点组成。当按下按钮，两对触点同时动作，常闭触点断开，常开触点闭合。图2-43所示为各种类型的按钮。

2）按钮基本原理

当按钮受外力作用，触点的分合状态发生改变，如图2-44、图2-45所示。

(a)

(b)

(c)   (d)   (e)

(f)   (g)   (h)

(i)   (j)

图 2 - 43　各种类型的按钮

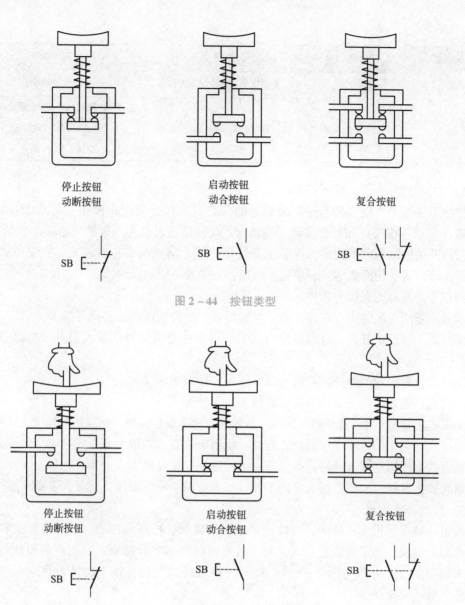

图 2-44 按钮类型

图 2-45 按钮触点分合状态改变

3）按钮的主要技术参数

按钮颜色的定义如表 2-1 所示。

表 2-1 按钮颜色的定义

按钮颜色	含义	说明	应用示例
红	紧急	危险或紧急情况时操作	急停
黄	异常	异常情况时操作	干预制止异常情况
绿	正常	正常情况时启动操作	

按钮颜色	含义	说明	应用示例
蓝	强制性	要求强制动作情况下操作	复位功能
白			启动/接通（优先）、停止/断开
灰	未赋予特定含义	除急停以外的一般功能的启动	启动/接通、停止/断开
黑			启动/接通、停止/断开（优先）

4）按钮分类

按钮不受外力作用（即静态）时触点的分合状态，分为停止按钮（即动断按钮）、启动按钮（即动合按钮）和复合按钮（即动合、动断触点组合为一体的按钮）。

按钮开关的结构种类很多，可分为普通平钮式、蘑菇头式、自锁式、自复位式、旋柄式、带指示灯式、钥匙式等，有单钮、双钮、三钮及不同组合形式。

按钮开关的种类有如下几种。

启式：适用于嵌装固定在开关板、控制柜或控制台的面板上，代号为 K。

保护式：带保护外壳，可以防止内部的按钮零件受机械损伤或人触及带电部分，代号为 H。

防水式：带密封的外壳，可防止雨水侵入，代号为 S。

防腐式：能防止化工腐蚀性气体的侵入，代号为 F。

防爆式：能用于含有爆炸性气体与尘埃的地方而不引起传爆，如煤矿等场所，代号为 B。

旋钮式：用手把旋转操作触点，有通、断两个位置，一般为面板安装式，代号为 X。

钥匙式：用钥匙插入旋转进行操作，可防止误操作或供专人操作，代号为 Y。

紧急式：有红色大蘑菇钮头凸出于外，作紧急时切断电源用，代号为 J 或 M。

5）按钮基本构成

按钮一般采用积木式结构，由按钮帽、复位弹簧、桥式动触点、静触点、支柱连杆及外壳等部分组成，通常做成复合式，有一对常闭触点和常开触点，有的产品可通过多个元件的串联增加触点对数（图 2 - 46）。还有一种自持式按钮，按下后即可自动保持闭合位置，断电后才能打开。

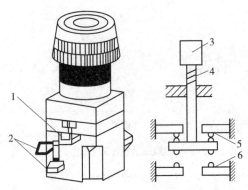

图 2 - 46　按钮构成

1—指示灯接线柱；2—触点接线柱；3—按钮帽；4—复位弹簧；5—常闭触点；6—常开触点

6. 电磁阀

1）电磁阀简介

电磁阀（electromagnetic valve）是用电磁控制的工业设备，是用来控制流体的自动化基础元件，属于执行器，并不限于液压、气动。用在工业控制系统中调整介质的方向、流量、速度和其他参数。电磁阀可以配合不同的电路来实现预期的控制，而控制的精度和灵活性都能够保证。电磁阀有很多种，不同的电磁阀在控制系统的不同位置发挥作用，最常用的是单向阀、安全阀、方向控制阀、速度调节阀等。

2）电磁阀基本原理

电磁阀里有密闭的腔，在不同位置开有通孔，每个孔连接不同的油管，腔中间是活塞，两边是两块电磁铁，哪边的磁铁线圈通电阀体就会被吸引到哪边，通过控制阀体的移动来开启或关闭不同的排油孔，而进油孔是常开的，液压油就会进入不同的排油管，然后通过油的压力来推动油缸的活塞，活塞又带动活塞杆，活塞杆带动机械装置。这样通过控制电磁铁的电流通断就控制了机械运动。

3）电磁阀的主要技术参数

（1）电磁阀公称通径（DN）：电磁阀的公称通径（DN）后接数值应自下列优选数系中选取（单位为 mm）：

1.0、2.0、3.0、4.0、5.0、6.0、8.0、10、（12）、15、20、25、（32）、40、50、（65）、80、100、（125）、150、200、250、300。注：带（　）的公称通径一般不推荐使用。按客户需要，可采用特殊公称通径。

（2）电磁阀公称压力（PN）：电磁阀的公称压力（PN）后接数值应自下列数值中选取（单位为 0.1MPa）。

0.010、0.016、0.025、0.040、0.060、0.10、0.16、0.25、0.40、0.60、1.0、1.6、2.5、4.0、6.4、10、16、25、50。注：按客户需要，可采用特殊公称压力。

（3）电磁阀最小工作压差范围和最大工作压差：

①电磁阀最小工作压差范围为 0~1.0 MPa。

②电磁阀最大工作压差不应大于它的公称压力。

（4）额定供电电压：

电磁阀的额定供电电压有交流：AC12V、AV24V、AC36V、AC110、AC220、AC380V，直流：DC6V、DC12V、DC24V、DC48V、DV110V、DC220V。交流供电电压允差为额定值的 -15%~10%，频率为 50Hz；直流供电电压允差为额定值的 ±10%。电磁阀的线圈外表面上应有识别电压类别（AC 或 DC）、额定供电电压的标记。

（5）电磁阀介质种类和温度：

①电磁阀的工作介质为液体、气体、蒸汽等；

②电磁阀的工作介质温度应在 -196~800℃范围内。

4）电磁阀分类

（1）电磁阀从原理上分为三大类：

①直动式电磁阀。

原理：通电时，电磁线圈产生电磁力把关闭件从阀座上提起，阀门打开；断电时，电磁力消失，弹簧把关闭件压在阀座上，阀门关闭。

特点：在真空、负压、零压时能正常工作，但通径一般不超过25mm。

②分步直动式电磁阀。

原理：它是一种直动和先导式相结合的原理，当入口与出口没有压差时，通电后，电磁力直接把先导小阀和主阀关闭件依次向上提起，阀门打开。当入口与出口达到启动压差时，通电后，电磁力先导小阀，主阀下腔压力上升，上腔压力下降，从而利用压差把主阀向上推开；断电时，先导阀利用弹簧力或介质压力推动关闭件，向下移动，使阀门关闭。

特点：在零压差或真空、高压时亦能可靠动作，但功率较大，要求必须水平安装。

③先导式电磁阀。

原理：通电时，电磁力把先导孔打开，上腔室压力迅速下降，在关闭件周围形成上低下高的压差，流体压力推动关闭件向上移动，阀门打开；断电时，弹簧力把先导孔关闭，入口压力通过旁通孔腔室迅速在关闭件周围形成下低上高的压差，流体压力推动关闭件向下移动，关闭阀门。

特点：流体压力范围上限较高，可任意安装（需定制），但必须满足流体压差条件。

(2) 电磁阀从阀结构和材料上的不同与原理上的区别，分为六个分支小类：直动膜片结构、分步直动膜片结构、先导膜片结构、直动活塞结构、分步直动活塞结构、先导活塞结构。

(3) 电磁阀按照功能分类：水用电磁阀、蒸汽电磁阀、制冷电磁阀、低温电磁阀、燃气电磁阀、消防电磁阀、氨用电磁阀、气体电磁阀、液体电磁阀、微型电磁阀、脉冲电磁阀、液压电磁阀、常开电磁阀、油用电磁阀、直流电磁阀、高压电磁阀、防爆电磁阀等。

5）电磁阀基本构成

电磁阀的基本结构包括一个或几个孔的阀体，阀体部分分为滑阀芯、滑阀套、弹簧底等（图2-47）。当线圈通电或断电时，达到改变流体方向的目的。电磁阀的电磁部件由固定铁芯、动铁芯、线圈等部件组成，动铁芯的运转将导致流体通过阀体或被切断。

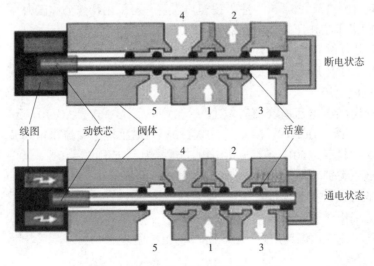

图2-47　电磁阀构成

7. 光电开关

1）光电开关简介

光电开关是传感器的一种，它把发射端和接收端之间光的强弱变化转化为电流的变化以达到探测的目的。由于光电开关输出回路和输入回路是电隔离的（即电绝缘），所以它可以在许多场合得到应用。采用集成电路技术和 SMT 表面安装工艺而制造的新一代光电开关器件，具有延时、展宽、外同步、抗相互干扰、可靠性高、工作区域稳定和自诊断等智能化功能。这种新颖的光电开关是一种采用脉冲调制的主动式光电探测系统型电子开关，它所使用的冷光源有红外光、红色光、绿色光和蓝色光等，可非接触、无损伤地迅速控制各种固体、液体、透明体、黑体、柔软体和烟雾等物质的状态和动作。它具有体积小、功能多、寿命长、精度高、响应速度快、检测距离远以及抗光、电、磁干扰能力强的优点。

2）光电开关基本原理

图 2 – 48 ~ 图 2 – 51 所示是几种反射式光电开关的工作原理框图。图中，由振荡回路产生的调制脉冲经反射电路后，用数字积分光电开关或 RC 积分方式排除干扰，最后经延时（或不延时）触发驱动器输出光电开关控制信号。

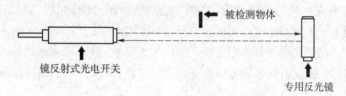

图 2 – 48　光电开关的工作原理（1）

图 2 – 49　光电开关的工作原理（2）

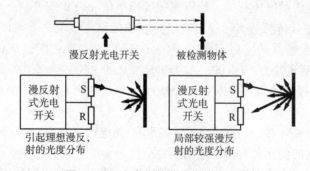

图 2 – 50　光电开关的工作原理（3）

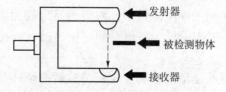

图 2 – 51　光电开关的工作原理（4）

利用光学元件，在传播媒介中间使光束发生变化；利用光束来反射物体，使光束发射经过长距离后瞬间返回。光电开关由发射器、接收器和检测电路三部分组成。发射器对准目标发射光束，发射的光束一般来源于发光二极管（LED）和激光二极管。光束不间断地发射，或者改变脉冲宽度。受脉冲调制的光束辐射强度在发射中经过多次选择，朝着目标不间断地运行。接收器由光电二极管或光电三极管组成。在接收器的前面，装有光学元件如透镜和光圈等。在其后面的是检测电路，它能滤出有效信号并应用该信号。

光电耦合器是以光为媒介传输电信号的一种电—光—电转换器件。它由发光源和受光器两部分组成。把发光源和受光器组装在同一密闭的壳体内，彼此间用透明绝缘体隔离。发光源的引脚为输入端，受光器的引脚为输出端，常见的发光源为发光二极管，受光器为光敏二极管、光敏三极管等。光电耦合器的种类较多，常见的有光电二极管型、光电三极管型、光敏电阻型、光控晶闸管型、光电达林顿型、集成电路型等。工作原理是在光电耦合器输入端加电信号使发光源发光，光的强度取决于激励电流的大小，此光照射到封装在一起的受光器上后，因光电效应而产生了光电流，由受光器输出端引出，这样就实现了电—光—电的转换。

由振荡回路产生的调制脉冲经反射电路后，由发光二极管 GL 辐射出光脉冲。当被测物体进入受光器作用范围时，被反射回来的光脉冲进入光敏三极管 DU，并在接收电路中将光脉冲解调为电脉冲信号，再经放大器放大和同步选通整形，然后用数字积分或 RC 积分方式排除干扰，最后经延时（或不延时）触发驱动器输出光电开关控制信号。光电开关一般具有良好的回差特性，因而即使被检测物在小范围内晃动也不会影响驱动器的输出状态，从而可使其保持在稳定工作区。同时，自诊断系统还可以显示受光状态和稳定工作区，以随时监视光电开关的工作。

3）光电开关的主要技术参数

（1）额定载荷：传感器的额定载荷是指在设计此传感器时，在规定技术指标范围内能够测量的最大负荷。但实际使用时，一般只用额定量程的 2/3～1/3。

（2）灵敏度/额定输出：加额定载荷和无载荷时，传感器输出信号的差值。由于传感器的输出信号与所加的激励电压有关，所以灵敏度以单位 mV/V 来表示。

（3）灵敏度允差：传感器实际稳定输出对应的标称灵敏度之差对该标称灵敏度的百分比。例如，某称重传感器的实际灵敏度为 2.002mV/V，与之相适应的标准灵敏度则为 2 mV/V，则其灵敏度允差为：（2.002－2.000）/2.000×100% =0.1%。

（4）综合误差/精度等级：根据 OIML R60，±% F. S 额定输出，国内一般为 C3 级，分度数 3000。

（5）蠕变：在负荷不变（一般为额定载荷），其他测试条件也保持不变的情况下，称重传感器输出随时间的变化量对额定输出的百分比。

（6）非线性：由空载荷的输出值和额定载荷时的输出值所决定的直线和增加负荷时实测曲线之间的最大偏差对额定输出的百比分。

（7）重复性误差：在相同的环境条件下，对传感器反复加载荷到额定载荷并卸载，加载荷过程中同一负荷点上输出值的最大差值对额定输出的百分比。这项特性很重要，更能反映传感器的品质。

（8）滞后允差：从无载荷逐渐加载到额定载荷然后逐渐卸载。在同一载荷点上加载和卸载输出量的最大差值对额定输出值的百分比。

（9）零点输出/零点平衡：在推荐激励电压下，未加载荷时传感器的输出值对额定输出的百分比。

（10）零点温漂：环境温度的变化引起的零点平衡变化。一般以温度每变化 10℃ 时，引起的零点平衡变化量对额定输出的百分比来表示。

（11）灵敏度温漂：环境温度的变化引起的灵敏度变化。一般以温度每变化 10℃ 时，引起的灵敏度变化量对额定输出的百分比来表示。

（12）允许使用温度：规定了此传感器能适用的场合。常温传感器一般标注为：–20 ~ 70℃。高温传感器标注为：–40 ~ 250℃。

（13）温度补偿范围：在此温度范围内，传感器的额定输出和零点平衡均经过严密补偿，不会超出规定的范围。例：常温传感器一般标注为 –10 ~ 55℃。

（14）安全过载：传感器允许施加的最大负荷。允许在一定范围内超负荷工作。一般为 120% ~ 150%。

（15）极限过载：传感器能承受的不使其丧失工作能力的最大负荷。意思是当工作超过此值时，传感器将会受到永久损坏。

（16）输出阻抗：激励输入端开路，传感器未加负荷时，从信号输出端测得的阻抗值。

（17）输入阻抗：信号输出端开路，传感器未加负荷时，从激励输入端测量的阻抗值。由于传感器的输入端补偿电阻和灵敏度系数调整电阻，所以传感器的输入电阻都大于输出电阻。

（18）绝缘阻抗：绝缘阻抗相当于传感器桥路与地之间串了一个阻值与其相当的电阻，绝缘电阻的大小会影响传感器的各项性能。而当绝缘阻抗低于某一个值时，电桥将无法正常工作。

（19）推荐激励电压：一般为 10 ~ 12V。

（20）允许最大激励电压：为了提高输出信号，在某些情况下（例如大皮重）要求利用加大激励电压来获得较大的信号。

（21）电缆长度：它与现场布局有关，订货前必须看清楚公司产品的常规电缆长度。另外，注意环境是否有腐蚀性、是否有冲击情况、是否高温或低温。

（22）IP 防护等级：标准规定的防水、防尘等保护等级，第一标记数字（如 IP6_）表示防尘保护等级（6 表示无灰尘进入），第二标记数字（如 IP_7）表示防水保护等级（7 表示浸在 15cm ~ 1m 的水下没有影响）。参见 IP 防护等级基础知识。

4）光电开关分类

（1）光电开关按结构可分为放大器分离型、放大器内藏型和电源内藏型三类。

①放大器分离型是将放大器与传感器分离，并采用专用集成电路和混合安装工艺制成，对射式光电开关传感器具有超小型和多品种的特点，而放大器的功能较多。因此，该类型采用端子台连接方式，并可交、直流电源通用。具有接通和断开延时功能，可设置亮、音动切换开关，能控制 6 种输出状态，兼有触点和电平两种输出方式。

②放大器内藏型是将放大器与传感一体化，采用专用集成电路和表面安装工艺制成，使用直流电源工作。其响应速度局面有 0.1ms 和 1ms 两种，能检测狭小和高速运动的物体。改变电源极性可转换亮暗，并可设置自诊断稳定工作区指示灯。兼有电压和电流两种输出方式，能防止相互干扰，在系统安装中十分方便。

③电源内藏型是将放大器、传感器与电源装置一体化，采用专用集成电路和表面安装工艺制成。它一般使用交流电源，适用于在生产现场取代接触式行程开关，可直接用于强

电控制电路。也可自行设置自诊断稳定工作区指示灯，输出备有 SSR 固态继电器或继电器常开、常闭触点，可防止相互干扰，并可紧密安装在系统中。

（2）按检测方式可分为漫射式、对射式、镜面反射式、槽式和光纤式光电开关。

①对射式光电开关由发射器和接收器组成，结构上两者是相互分离的，在光束被中断的情况下会产生一个开关信号变化，典型的方式是位于同一轴线上的光电开关可以相互分开达 50m（图 2 – 52）。

特征：辨别不透明的反光物体；有效距离大，因为光束跨越感应距离的时间仅一次；不易受干扰，可以在野外或者有灰尘的环境中可靠、合适地使用；装置的消耗高，两个单元都必须敷设电缆。

②漫反射式光电开关是当开关发射光束时，目标产生漫反射，发射器和接收器构成单个标准部件，当有足够的组合光返回接收器时，开关状态发生变化，作用距离的典型值一般到 3m（图 2 – 53）。

特征：有效作用距离是由目标的反射能力、目标表面性质和颜色决定；具有较小的装配开支，当开关由单个元件组成时，通常可以达到粗定位；采用背景抑制功能调节测量距离；对目标上的灰尘敏感和对目标变化了的反射性能敏感。

图 2 – 52　对射式光电开关　　　　　图 2 – 53　漫反射式光电开关

1—发射器；2—调节上下位置；3—接收器；4—检测物

③镜面反射式光电开关由发射器和接收器构成的情况是一种标准配置，从发射器发出的光束在对面的反射镜被反射，即返回接收器，当光束被中断时会产生一个开关信号的变化。光的通过时间是两倍的信号持续时间，有效作用距离从 0.1m 至 20m。

特征：辨别不透明的物体；借助反射镜部件，形成高的有效距离范围；不易受干扰，可以在野外或者有灰尘的环境中可靠、合适地使用。

④槽式光电开关通常是标准的 U 形结构，其发射器和接收器分别位于 U 形槽的两边，并形成一光轴，当被检测物体经过 U 形槽且阻断光轴时，光电开关就产生了检测到的开关量信号（图 2 – 54）。槽式光电开关比较安全可靠地适合检测高速变化，分辨透明与半透明物体。

⑤光纤式光电开关采用塑料或玻璃光纤传感器来引导光线，以实现被检测物体不在相近区域的检测。通常光纤传感器分为对射式和漫反射式。

5）光电开关应用

光电开关已被用作物位检测、液位控制、产品计数、宽度判别、速度检测、定长剪切、孔洞识别、信号延时、自动门传感、色标检出、冲床和剪切机以及安全防护等诸多领域。此外，利用红外线的隐蔽性，还可在银行、仓库、商店、办公室以及其他需要的场合作为防盗警戒之用。

图 2－54　槽式光电开关

常用的红外线光电开关，是利用物体对近红外线光束的反射原理，由同步回路感应反射回来的光的强弱而检测物体的存在与否来实现功能的。光电传感器首先发出红外线光束到达或透过物体或镜面对红外线光束进行反射，光电传感器接收反射回来的光束，根据光束的强弱判断物体的存在。红外光电开关的种类也非常多，一般来说，有镜反射式、漫反射式、槽式、对射式、光纤式等几个主要种类。

在不同的场合使用不同的光电开关，例如在电磁振动供料器上经常使用光纤式光电开关，在间歇式包装机包装膜的供送中经常使用漫反射式光电开关，在连续式高速包装机中经常使用槽式光电开关。

6）使用光电开关的注意事项

光电开关可用于各种应用场合。另外，在使用光电开关时，还应注意环境条件，以使光电开关能够正常可靠地工作。

（1）强光源：光电开关在环境照度较高时，一般能稳定工作。但应回避将传感器光轴正对太阳光、白炽灯等强光源。在不能改变传感器（受光器）光轴与强光源的角度时，可在传感器上方四周加装遮光板或套上遮光长筒。

（2）相互干扰：MGK 系列新型光电开关通常具有自动防止相互干扰的功能，因而不必担心相互干扰。然而，HGK 系列对射式红外光电开关在几组并列靠近安装时，则应防止邻组和相互干扰。防止这种干扰最有效的办法是投光器和受光器交叉设置，超过 2 组时拉开组距。也可以使用不同频率的机种。

HGK 系列反射式光电开关防止相互干扰的有效办法是拉开间隔。而且检测距离越远，间隔也应越大，具体间隔应根据调试情况来确定。当然，也可使用不同工作频率的机种。

（3）镜面角度：当被测物体有光泽或遇到光滑金属面时，一般反射率很高，有近似镜面的作用，这时应将投光器与检测物体安装成 10°～20°的夹角，以使其光轴不垂直于被检测物体，从而防止误动作。

（4）背景物：使用反射式扩散型投、受光器时，有时由于检出物离背景物较近，光电开关或者背景是光滑等反射率较高的物体可能会使光电开关不能稳定检测。因此可以改用距离限定型投、受光器，或者采用远离、拆除背景物，将背景物涂成无光黑色，或设法使背景物粗糙、灰暗等方法加以排除。

（5）自诊断：在安装或使用时，有时可能会由于台面或背景影响以及使用振动等原因而造成光轴的微小偏移、透镜沾污、积尘、外部噪声、环境温度超出范围等问题。这些问题有可能会使光电开关偏离稳定工作区，这时可以利用光电开关的自诊断功能而使其通过 STABILITY 绿色稳定指示灯发出通知，以提醒使用者及时对其进行调整。

（6）台面影响：投光器与受光器在贴近台面安装时，可能会出现台面反射的部分光束照到受光器而造成工作不稳定。对此可使受光器与投光器离开台面一定距离并加装遮光板。

严禁用稀释剂等化学物品，以免损坏塑料镜。光电开关高压线、动力线和光电传感器的配线不应放在同一配线管或用线槽内，否则会由于感应而造成（有时）光电开关的误动作或损坏，所以原则上要分别单独配线。

（7）下列场所一般有可能造成光电开关的误动作，应尽量避开：

①灰尘较多的场所；

②腐蚀性气体较多的场所；

③水、油、化学品有可能直接飞溅的场所；

④户外或太阳光等有强光直射而无遮光措施的场所；

⑤环境温度变化超出产品规定范围的场所；

⑥振动、冲击大，而未采取避振措施的场所。

8. 步进电机及其驱动

1）步进电机简介

步进电机又称为脉冲电机，基于最基本的电磁铁原理，是一种可以自由回转的电磁铁，其动作原理是依靠气隙磁导的变化来产生电磁转矩。其原始模型应用于氢弧灯的电极输送机构中。这被认为是最初的步进电机。20 世纪初，在电话自动交换机中广泛使用了步进电机。由于西方资本主义列强争夺殖民地，步进电机在缺乏交流电源的船舶和飞机等独立系统中得到了广泛的使用。20 世纪 50 年代后期晶体管的发明也逐渐应用在步进电机上，对于数字化的控制变得更为容易。到了 20 世纪 80 年代后，由于廉价的微型计算机以多功能的姿态出现，步进电机的控制方式更加灵活多样。

步进电机相对于其他控制用途电机的最大区别是，它接收数字控制信号电脉冲信号并转化成与之相对应的角位移或直线位移，它本身就是一个完成数字模式转化的执行元件。而且它是开环位置控制，输入一个脉冲信号就得到一个规定的位置增量，这样的增量位置控制系统与传统的直流控制系统相比，其成本明显减低，几乎不必进行系统调整。步进电机的角位移量与输入的脉冲个数严格成正比，而且在时间上与脉冲同步。因而只要控制脉冲的数量、频率和电机绕组的相序，即可获得所需的转角、速度和方向。

我国的步进电机在 20 世纪 70 年代初开始起步，70 年代中期至 80 年代中期为成品发展阶段，新品种和高性能电机不断开发，目前，随着科学技术的发展，特别是永磁材料、半导体技术、计算机技术的发展，使步进电机在众多领域得到了广泛应用。

2）步进电机控制技术及发展概况

作为一种控制用的特种电机，步进电机无法直接接到直流或交流电源上工作，必须使用专用的驱动电源，即步进电机驱动器。在微电子技术，特别计算机技术发展以前，控制器脉冲信号发生器完全由硬件实现，控制系统采用单独的元件或者集成电路组成控制回路，不仅调试安装复杂，要消耗大量元器件，而且一旦定型之后，要改变控制方案就一定要重新设计电路。这就使得需要针对不同的电机开发不同的驱动器，开发难度和开发成本都很高，控制难度较大，限制了步进电机的推广。

由于步进电机是一个把电脉冲转换成离散的机械运动的装置，具有很好的数据控制特性，因此，计算机成为步进电机的理想驱动源，随着微电子和计算机技术的发展，软硬件结合的控制方式成为主流，即通过程序产生控制脉冲，驱动硬件电路。单片机通过软件来控制步进电机，更好地挖掘出了电机的潜力。因此，用单片机控制步进电机已经成为一种必然的趋势，也符合数字化的时代趋势。

3）步进电机驱动器简介

步进电机和步进电机驱动器构成步进电机驱动系统。步进电机驱动系统的性能，不但取决于步进电机自身的性能，也取决于步进电机驱动器的优劣。对步进电机驱动器的研究几乎是与步进电机的研究同步进行的。

4）步进电机基本原理

（1）工作原理　通常电机的转子为永磁体，当电流流过定子绕组时，定子绕组产生一矢量磁场。该磁场会带动转子旋转一角度，使得转子的一对磁场方向与定子的磁场方向一致。当定子的矢量磁场旋转一个角度。转子也随着该磁场转一个角度。每输入一个电脉冲，电动机转动一个角度前进一步。它输出的角位移与输入的脉冲数成正比、转速与脉冲频率成正比。改变绕组通电的顺序，电机就会反转。所以可用控制脉冲数量、频率及电动机各相绕组的通电顺序来控制步进电机的转动。

（2）发热原理　通常见到的各类电机，内部都是有铁芯和绕组线圈的。绕组有电阻，通电会产生损耗，损耗大小与电阻和电流的平方成正比，这就是我们常说的铜损，如果电流不是标准的直流或正弦波，还会产生谐波损耗；铁芯有磁滞涡流效应，在交变磁场中也会产生损耗，其大小与材料、电流、频率、电压有关，这叫铁损。铜损和铁损都会以发热的形式表现出来，从而影响电机的效率。步进电机一般追求定位精度和力矩输出，效率比较低，电流一般比较大，且谐波成分高，电流交变的频率也随转速而变化，因而步进电机普遍存在发热情况，且情况比一般交流电机严重。

5）步进电机驱动器基本原理

步进电机驱动器采用单极性直流电源供电。只要对步进电机的各相绕组按合适的时序通电，就能使步进电机步进转动。图2-55所示是四相步进电机工作原理示意图。

四相步进电机开始工作时，开关 S_B 接通电源，S_A、S_C、S_D 断开，B相磁极和转子0、3号齿对齐，同时，转子的1、4号齿就和C、D相绕组磁极产生错齿，2、5号齿就和D、A相绕组磁极产生错齿。当开关 S_C 接通电源，S_B、S_A、S_D 断开时，由于C相绕组的磁力线和1、4号齿之间磁力线的作用，使转子转动，1、4号齿和C相绕组的磁极对齐。而0、3号齿和A、B相绕组产生错

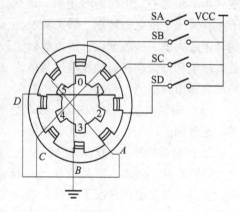

图2-55　步进电机工作原理示意图

齿，2、5号齿就和A、D相绕组磁极产生错齿。依次类推，A、B、C、D四相绕组轮流供电，则转子会沿着A、B、C、D方向转动。

四相步进电机按照通电顺序的不同，可分为单四拍、双四拍、八拍三种工作方式。单四拍与双四拍的步距角相等，但单四拍的转动力矩小。八拍工作方式的步距角是单四拍与双四拍的一半，因此，八拍工作方式既可以保持较高的转动力矩又可以提高控制精度。

单四拍、双四拍与八拍工作方式的电源通电时序与波形如图2-56所示。

驱动器相当于开关的组合单元。通过上位机的脉冲信号有顺序地给电机相序通电使电机转动。

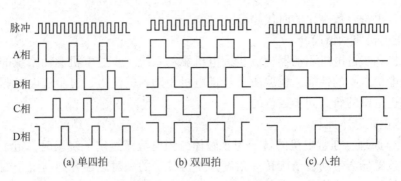

(a) 单四拍　　　　　　(b) 双四拍　　　　　　(c) 八拍

图 2 - 56　通电时序与波形

6）步进电机的主要技术参数

（1）步距角 θ_s：每输入一个电脉冲信号转子转过的角度称为步距角。步距角的大小会直接影响步进电机的启动和运行频率，步距角小的往往启动、运行频率较高。

（2）最大步距误差：是指步进电机旋转一周内相邻两步之间最大步距和理想步距角的差值，用理想步距的百分数表示。最大步距累积误差：是指任意位置开始，经过任意步之后，角位移误差的最大值。静态步距角误差：是指实际的步距角与理论的步距角之间的差值，通常用理论步距角的百分数或绝对值大小来衡量。静态步距角误差小，表示电机精度高。

（3）转矩 T。保持转矩（定位转矩）：是指步进电机绕组不通电时电磁转矩的最大值，或转角不超过一定值时的转矩值。静转矩：是指步进电机不改变控制绕组通电状态，即转子不转情况下的电磁转矩。最大静转矩 T_{jmax}：是指步进电机在规定的通电相数下矩角特性的转矩最大值。一般来说，最大静转矩较大的电机可以带动较大的负载转矩。负载转矩 T_L：负载转矩和最大静转矩的比值通常取为 0.3 ~ 0.5。动转矩：是指步进电机转子转动情况下的最大输出转矩值，它与运行频率有关。

（4）响应频率：是指在某一频率范围，步进电机可以任意运行而不丢失一步的最大频率。通常用启动频率来作为衡量指标。

（5）启动频率 f_q 和启动矩频特性。启动频率（突跳频率）：是指步进电机能够不失步启动的最高脉冲频率。产品目录上一般有空载启动频率的数据，但在实际使用时，步进电机大都要在带负载的情况下启动，这时负载启动频率是一个重要指标。启动矩频特性：是指步进电机在一定的负载惯量下，启动频率随负载转矩变化的特性，通常以表格或曲线形式给出。

（6）运行频率 f_q 和运行矩频特性。运行频率：步进电机启动后，当控制脉冲频率连续上升时能不失步的最高频率称为运行频率。通常给出的也是空载下的运行频率。运行矩频特性：当电机带着一定负载运行时，运行频率与负载转矩大小有关，两者的关系称为运行矩频特性。必须注意：步进电机的启动频率、运行频率及其矩频特性都与电源型式有密切关系，使用者必须了解技术数据给出的性能指标是在怎样型式的电源下测定的。一般来说，高低压切换型电源其性能指标较高，如使用时改为单一电压型电源，则性能指标要相应降低。

（7）额定电流：电机不动时每一相绕组容许通过的电流定为额定电流。当电机运转时，每相绕组通过的是脉冲电流，电流表指示的读数为脉冲电流平均值。绕组电流太大，电机温升会超过容许值。

（8）额定电压：步进电机额定电压指的是驱动电源应供给的电压，一般不等于加在绕组两端的电压。

7）步进电机驱动器的主要技术参数

（1）步进电机驱动器的电流。

电流是判断步进电机驱动器能力的大小、选择驱动器的重要指标之一，通常驱动器的最大电流要略大于电机标称电流，有 2.0A、3.5A、6.0A、8.0A 等规格。

（2）步进电机驱动器供电电压。

供电电压是判断驱动器升速能力的标志，常规电压供给有：24V DC、40V DC、80V DC、110V AC 等。

（3）步进电机驱动器的细分。

细分是控制精度的标志，通过增大细分能改善精度。细分能增加电机平稳性，通常步进电机都有低频振动的特点，通过加大细分可以改善，使电机运行非常平稳。

（4）差分式接口。

步进电机驱动器采用差分式接口电路，内置高速光电耦合器，允许接收长线驱动器、集电极开路和 PNP 输出电路的信号，可适配各种控制器接口，包括西门子 PLC。建议用长线驱动器电路，抗干扰能力强。

（5）单/双脉冲模式。

多数步进电机驱动器可以接收两类脉冲信号：脉冲 + 方向形式（单脉冲）；正脉冲 + 反脉冲（双脉冲）形式。可通过驱动器内部的跳线器进行选择。

8）步进电机分类

（1）步进电机从其结构形式上可分为反应式步进电机（variable reluctance，VR）、永磁式步进电机（permanent magnet，PM）、混合式步进电机（hybrid stepping，HS）、单相步进电机、平面步进电机等多种类型，在我国所采用的步进电机中以反应式步进电机为主。

①反应式：定子上有绕组，转子由软磁材料组成。结构简单、成本低，步距角小，可达 1.2°，但动态性能差、效率低、发热大，可靠性难保证。

②永磁式：永磁式步进电机的转子用永磁材料制成，转子的极数与定子的极数相同。其特点是动态性能好、输出力矩大，但这种电机精度差，步距角大（一般为 7.5°或 15°）。

③混合式：混合式步进电机综合了反应式和永磁式的优点，其定子上有多相绕组、转子上采用永磁材料，转子和定子上均有多个小齿以提高步矩精度。其特点是输出力矩大、动态性能好，步距角小，但结构复杂、成本相对较高。

步进电机的运行性能与控制方式有密切的关系。步进电机控制系统从其控制方式来看，可以分为以下三类：开环控制系统、闭环控制系统、半闭环控制系统。半闭环控制系统在实际应用中一般归类于开环或闭环系统中。

（2）按定子上绕组来分，有二相、三相和五相等系列。最受欢迎的是两相混合式步进电机，约占 97% 以上的市场份额，其原因是性价比高，配上细分驱动器后效果良好。该种电机的基本步距角为 1.8（°）/步，配上半步驱动器后，步距角减少为 0.9°，配上细分驱动器后其步距角可细分达256倍［0.007（°）/微步］。由于摩擦力和制造精度等原因，实际控制精度略低。同一步进电机可配不同细分的驱动器以改变精度和效果。

9）步进电机基本构成

步进电机也叫步进器，它利用电磁学原理，将电能转换为机械能，早在20世纪20年代人们就开始使用这种电机（图2-57）。随着嵌入式系统（例如打印机、磁盘驱动器、玩具、雨刷、振动寻呼机、机械手臂和录像机等）的日益流行，步进电机的使用也开始暴增。不论在工业、军事、医疗、汽车还是娱乐业中，只要把某件物体从一个位置移动到另一个位置，步进电机就一定能派上用场。步进电机有许多种形状和尺寸，但不论形状和尺寸如何，它们都可以归为两类：可变磁阻步进电机和永磁步进电机。

图2-57 步进电机

步进电机是由一组缠绕在电机固定部件——定子齿槽上的线圈驱动的。通常情况下，一根绕成圈状的金属丝叫作螺线管，而在电机中，绕在齿上的金属丝则叫作绕组、线圈、或相。

（1）步进电机加减速过程控制技术。

正因为步进电机的广泛应用，对步进电机的控制的研究也越来越多，在启动或加速时如果步进脉冲变化太快，转子由于惯性而跟随不上电信号的变化，产生堵转或失步，在停止或减速时由于同样原因则可能产生超步。为防止堵转、失步和超步，提高工作频率，要对步进电机进行升降速控制。

步进电机的转速取决于脉冲频率、转子齿数和拍数。其角速度与脉冲频率成正比，而且在时间上与脉冲同步。因而在转子齿数和运行拍数一定的情况下，只要控制脉冲频率即可获得所需速度。由于步进电机是借助它的同步力矩启动的，为了不发生失步，启动频率是不高的。特别是随着功率的增加，转子直径增大，惯量增大，启动频率和最高运行频率可能相差十倍之多。

步进电机的启动频率特性使步进电机启动时不能直接达到运行频率，而要有一个启动过程，即从一个低的转速逐渐升速到运行转速。停止时运行频率不能立即降为零，而要有一个高速逐渐降速到零的过程。

步进电机的输出力矩随着脉冲频率的上升而下降，启动频率越高，启动力矩就越小，带动负载的能力越差，启动时会造成失步，而在停止时又会发生过冲。要使步进电机快速达到所要求的速度又不失步或过冲，其关键在于使加速过程中，加速度所要求的力矩既能充分利用各个运行频率下步进电机所提供的力矩，又不能超过这个力矩。因此，步进电机的运行一般要经过加速、匀速、减速三个阶段，要求加减速过程时间尽量短，恒速时间尽量长。特别是在要求快速响应的工作中，从起点到终点运行的时间要求最短，这就必须要求加速、减速的过程最短，而恒速时的速度最高。

国内外的科技工作者对步进电机的速度控制技术进行了大量的研究，建立了多种加减速控制数学模型，如指数模型、线性模型等，并在此基础上设计开发了多种控制电路，改善了步进电机的运动特性，推广了步进电机的应用范围指数加减速，考虑了步进电机固有的矩频特性，既能保证步进电机在运动中不失步，又充分发挥了电机的固有特性，缩短了升降速时间，但因电机负载的变化，很难实现。而线性加减速仅考虑电机在负载能力范围的角速度与脉冲成正比这一关系，不因电源电压、负载环境的波动而变化的特性，这种升速方法的加速度是恒定的，其缺点是未充分考虑步进电机输出力矩随速度变化的特性，步进电机在高速时会发生失步。

（2）步进电机的细分驱动控制。

步进电机由于受到自身制造工艺的限制，如步距角的大小由转子齿数和运行拍数决定，但转子齿数和运行拍数是有限的，因此步进电机的步距角一般较大并且是固定的，步进的分辨率低、缺乏灵活性、在低频运行时振动，噪声比其他微电机都高，使物理装置容易疲劳或损坏。这些缺点使步进电机只能应用在一些要求较低的场合，对要求较高的场合，只能采取闭环控制，增加了系统的复杂性，这些缺点严重限制了步进电机作为优良的开环控制组件的有效利用。细分驱动技术在一定程度上有效地克服了这些缺点。

步进电机细分驱动技术是 20 世纪 70 年代中期发展起来的一种可以显著改善步进电机综合使用性能的驱动技术。

1975 年，美国学者 Fredriksen 首次在美国增量运动控制系统及器件年会上提出步进电机步距角细分的控制方法。在其后的 20 多年里，步进电机细分驱动得到了很大的发展。逐步发展到 20 世纪 90 年代完全成熟。我国对细分驱动技术的研究，起步时间与国外相差无几。

在 20 世纪 90 年代中期，步进电机得到了较大的发展。主要应用在工业、航天、机器人、精密测量等领域，如跟踪卫星用光电经纬仪、军用仪器、通信和雷达等设备，细分驱动技术的广泛应用，使得电机的相数不受步距角的限制，为产品设计带来了方便。目前在步进电机的细分驱动技术上，采用斩波恒流驱动、脉冲宽度调制驱动、电流矢量恒幅均匀旋转驱动控制，大大提高步进电机运行运转精度，使步进电机在中、小功率应用领域向高速且精密化的方向发展。

最初，对步进电机相电流的控制是由硬件来实现的，通常采用两种方法，一是采用多路功率开关电流供电，在绕组上进行电流叠加，这种方法使功率管损耗少，但由于路数多，所以器件多，体积大。二是先对脉冲信号叠加，再经功率管线性放大，获得阶梯形电流，优点是所用器件少，但功率管功耗大，系统功率低，如果管子工作在非线性区会引起失真，由于本身不可克服的缺点，因此目前已很少采用这两类方法。

10）步进电机驱动器基本构成

步进电机驱动器主要结构有以下几部分：

（1）环行分配器。根据输入信号的要求产生电机在不同状态下的开关波形。

（2）信号处理。对环行分配器产生的开关信号波形进行 PWM 调制以及对相关的波形进行滤波整形处理。

（3）推动级。对开关信号的电压、电流进行放大提升。

（4）主开关电路。用功率元器件直接控制电机的各相绕组。

（5）保护电路。当绕组电流过大时产生关断信号对主回路进行关断，以保护电机驱动器和电机绕组。

（6）传感器。对电机的位置和角度进行实时监控，传回信号的产生装置。

9. 接近开关

1）接近开关简介

接近开关是一种无须与运动部件进行机械直接接触而可以操作的位置开关，当物体接近开关感应到动作距离时，不需要机械接触及施加任何压力即可使开关动作，从而驱动直流电器或给计算机装置提供控制指令。接近开关是开关型传感器（即无触点开关），它既有行程开关、微动开关的特性，同时具有传感性能，且动作可靠，性能稳定，频率响应快，应用寿命长，抗干扰能力强等，并具有防水、防震、耐腐蚀等特点。产品有电感式、电容式、霍尔式、交流型、直流型。接近开关又称无触点接近开关，是理想的电子开关量传感器。

当金属检测体接近开关的感应区域，开关就能无接触、无压力、无火花、迅速发出电气指令，准确反映出运动机构的位置和行程，即使用于一般的行程控制，其定位精度、操作频率、使用寿命、安装调整的方便性和对恶劣环境的适用能力，是一般机械式行程开关所不能相比的。它广泛地应用于机床、冶金、化工、轻纺和印刷等行业。在自动控制系统中可作为限位、计数、定位控制和自动保护环节等。

2）接近开关基本原理

（1）电感式接近开关工作原理。

电感式传感器由三大部分组成：振荡器、开关电路及放大输出电路。振荡器产生一个交变磁场。当金属目标接近这一磁场，并达到感应距离时，在金属目标内产生涡流，从而导致振荡衰减，以至停振。振荡器振荡及停振的变化被后级放大电路处理并转换成开关信号，触发驱动控制器件，从而达到非接触式检测目的。

（2）电容式接近开关的工作原理。

电容式接近开关的感应面由两个同轴金属电极构成，很像"打开的"电容器电极，两个电极构成一个电容，串接在 RC 振荡回路内。电源接通时，RC 振荡器不振荡，当一目标朝着电容器的电极靠近时，电容器的容量增加，振荡器开始振荡。通过后级电路的处理，将停振和振荡两种信号转换成开关信号，从而起到了检测有无物体存在的目的。该传感器能检测金属物体，也能检测非金属物体，对金属物体可以获得最大的动作距离，对非金属物体动作距离决定于材料的介电常数，材料的介电常数越大，可获得的动作距离越大。

（3）霍尔接近开关的工作原理。

磁式开关是接近开关，它（甚至透过非黑色金属）响应于一个永久的磁场，作用距离大于电感接近开关，响应曲线与永久磁场的方向有关。当一个目标（永久磁铁或外部磁场）接近时，线圈铁芯的导磁性（线圈的电感量 L 是由它决定的）变小，线圈的电感量也减小，Q 值增加。激励振荡器振荡，并使振荡电流增加。当一个磁性目标靠近时，磁式传感器的电流消耗随之增加。

3）接近开关的主要技术参数

（1）动作距离。对不同类型接近开关的动作距离含义不同。大多数接近开关是以开关刚好动作时感应头与检测体之间的距离为动作距离。接近开关产品说明书中规定的是动作距离的标称值。在常温和额定电压下，开关的实际动作值不应小于其标称值，但也不应大于标称值的 20%。

（2）重复精度。重复精度是指在常温和额定电压下连续进行 10 次试验，取其中最大或最小值与 10 次试验的平均值之差为接近开关的重复精度。

（3）操作频率。操作频率与接近开关信号发生机构的原理和输出元件的种类有关。采用无触点输出形式的接近开关，其操作频率主要决定于信号发生机构及电路中的其他储能元件。若为有触点输出形式，则主要决定于所用继电器的操作频率。

（4）复位行程。复位行程是指开关从"动作"到"复位"位置的距离。

4）接近开关分类

（1）无源接近开关。

这种开关不需要电源，通过磁力感应控制开关的闭合状态。当磁或者铁质触发器靠近开关磁场时，和开关内部磁力作用控制闭合。特点：不需要电源，非接触式，免维护，环保。

（2）涡流式接近开关。

这种开关有时也叫电感式接近开关（图 2-58）。它是利用导电物体在接近这个能产生电磁场的接近开关时，使物体内部产生涡流。这个涡流反作用到接近开关，使开关内部电路参数发生变化，由此识别出有无导电物体移近，进而控制开关的通或断。这种接近开关所能检测的物体必须是导电体。

①原理：由电感线圈和电容及晶体管组成振荡器，并产生一个交变磁场，当有金属物体接近这一磁场时就会在金属物体内产生涡流，从而导致振荡停止，这种变化被后级放大处理后转换成晶体管开关信号输出。

②特点：抗干扰性能好，开关频率高，大于 200Hz；只能感应金属。

③应用在各种机械设备上作位置检测、计数信号拾取等。

（3）电容式接近开关。

这种开关的测量通常是构成电容器的一个极板，而另一个极板是开关的外壳（图 2-59）。这个外壳在测量过程中通常是接地或与设备的机壳相连接。当有物体移向接近开关时，无论它是否为导体，由于它的接近，总要使电容的介电常数发生变化，从而使电容量发生变化，使得和测量头相连的电路状态也随之发生变化，由此便可控制开关的接通或断开。这种接近开关检测的对象不限于导体，可以是绝缘的液体或粉状物等。

图 2-58　涡流式接近开关

图 2-59　电容式接近开关

（4）霍尔接近开关。

霍尔元件是一种磁敏元件，利用霍尔元件做成的接近开关叫作霍尔接近开关（图 2-60）。

当磁性物件移近霍尔接近开关时，开关检测面上的霍尔元件因产生霍尔效应而使开关内部电路状态发生变化，由此识别附近有磁性物体存在，进而控制开关的通或断。这种接近开关的检测对象必须是磁性物体。

（5）光电式接近开关。

利用光电效应做成的接近开关叫光电接近开关（图2-61）。将发光器件与光电器件按一定方向装在同一个检测头内。当有反光面（被检测物体）接近时，光电器件接收到反射光后便在信号输出，由此便可"感知"有物体接近。

图2-60　霍尔接近开关　　　　　　图2-61　光电式接近开关

（6）其他型式。

当观察者或系统对波源的距离发生改变时，接近到的波的频率会发生偏移，这种现象称为多普勒效应。声呐和雷达就是利用这个效应的原理制成的。利用多普勒效应可制成超声波接近开关、微波接近开关等。当有物体移近时，接近开关接收到的反射信号会产生多普勒频移，由此可以识别出有无物体接近。

5）接近开关基本构成

接近开关按其外形可分为圆柱型、方型、沟型、穿孔（贯通）型和分离型等类型。圆柱型比方型安装方便，但其检测特性相同；沟型的检测部位是在槽内侧，用于检测通过槽内的物体；贯通型在我国很少生产，而日本则应用较为普遍，可用于小螺钉或滚珠之类的小零件和浮标组装成水位检测装置等。

6）接近开关接线图

（1）接近开关有两线制和三线制的区别，三线制接近开关又分为NPN型和PNP型，它们的接线是不同的。

（2）两线制接近开关的接线比较简单，接近开关与负载串联后接到电源即可。

（3）三线制接近开关的接线：红（棕）线接电源正端；蓝线接电源0V端；黄（黑）线为信号，应接负载。负载的另一端接线：对于NPN型接近开关，应接到电源正端；对于PNP型接近开关，则应接到电源0V端。

（4）接近开关的负载可以是信号灯、继电器线圈或可编程控制器（PLC）的数字量输入模块。

（5）需要特别注意接到PLC数字输入模块的三线制接近开关的型式选择。PLC数字量输入模块一般可分为两类：一类的公共输入端为电源正极，电流从输入模块流出，此时，一定要选用NPN型接近开关；另一类的公共输入端为电源负极，电流流入输入模块，此时，一定要选用PNP型接近开关，千万不能选错。

（6）两线制接近开关受工作条件的限制，导通时开关本身产生一定压降，截止时又有一定的剩余电流流过,选用时应予考虑。三线制接近开关虽多了一根线,但不受剩余电流之类不利因素的困扰,工作更为可靠。

(7)有的厂商将接近开关的"常开"和"常闭"信号同时引出,或增加其他功能,此种情况,请按产品说明书具体接线。

7)槽型光电开关接线

光电开关二极管是发光二极管,输出则是光敏三极管,C 就是集电极,E 则是发射极。一般三极管作开关使用时,通常都用集电极作输出端。

一般接法:二极管为输入端,E 接地,C 接负载,负载的另一端需要接正电源。这种接法适用范围比较广。

特殊接法:二极管为输入端,C 接电源正,E 接负载,负载的另一端需要接地。这种接法只适用于负载等效电阻很小的时候(几十欧姆以内),如果负载等效电阻比较大,可能会引起开关三极管工作点不正常,导致开关工作不可靠。

10. 伺服电机

1)伺服电机简介

伺服电机是指在伺服系统中控制机械元件运转的发动机,是一种补助电动机间接变速装置(图2-62)。

伺服电机可使控制速度、位置精度非常准确,可以将电压信号转化为转矩和转速以驱动控制对象。伺服电机转子转速受输入信号控制,并能快速反应,在自动控制系统中,用作执行元件,且具有机电时间常数小、线性度高等特性,可把所收到的电信号转换成电动机轴上的角位移或角速度输出。分为直流和交流伺服电动机两大类,其主要特点是,当信号电压为零时无自转现象,转速随着转矩的增加而匀速下降。

图 2 - 62 伺服电机

2)伺服电机的基本原理

(1)伺服系统是使物体的位置、方位、状态等输出被控量能够跟随输入目标(或给定值)任意变化的自动控制系统。伺服主要靠脉冲来定位,基本上可以这样理解,伺服电机接收到一个脉冲,就会旋转一个脉冲对应的角度,从而实现位移,因为伺服电机本身具备发出脉冲的功能,所以伺服电机每旋转一个角度,都会发出对应数量的脉冲,这样,和伺服电机接收的脉冲形成了呼应,或者叫闭环,如此一来,系统就会知道发了多少脉冲给伺服电机，同时又收了多少脉冲回来，这样，就能够很精确地控制电机的转动，从而实现精确定位（可以达到 0.001mm）。

（2）直流伺服电机分为有刷和无刷电机。有刷电机成本低，结构简单，启动转矩大，调速范围宽，控制容易，需要维护，但维护不方便（换炭刷），产生电磁干扰，对环境有要求。因此它可以用于对成本敏感的普通工业和民用场合。无刷电机体积小，重量轻，出力大，响应快，速度高，惯量小，转动平滑，力矩稳定。控制复杂，容易实现智能化，其电子换相方式灵活，可以方波换相或正弦波换相。电机免维护，效率很高，运行温度低，电磁辐射很小，寿命长，可用于各种环境。

（3）交流伺服电机是无刷电机，分为同步和异步电机，目前运动控制中一般用同步电机，它的功率范围大，可以做到很大的功率。大惯量，最高转动速度低，且随着功率增大而快速降低，因而适合低速平稳运行的应用。

（4）伺服电机内部的转子是永磁铁，驱动器控制的 U/V/W 三相电形成电磁场，转子在此磁场的作用下转动，同时电机自带的编码器反馈信号给驱动器，驱动器根据反馈值与目标值进行比较，调整转子转动的角度。伺服电机的精度决定于编码器的精度(线数)。

交流伺服电机和无刷直流伺服电机在功能上的区别：交流伺服电机要好一些，因为是正弦波控制，转矩脉动小。直流伺服是梯形波，但直流伺服电机比较简单，便宜。

3）伺服电机的主要技术参数

T_m（ms），机械时间常数：指的是机械的惯性时间常数。比如，当系统从零加速到额定转速时被系统的机械惯性所延时的时间常数。特定的系统都有自己的机械时间常数，指空载时伺服电机从 0 到达额定速度的 63% 的时间。

T_e（ms），电气时间常数：指的是电气的滤波时间、电磁惯性延时时间。针对一个特定的传动系统，一旦其软件和硬件被确定，那它的电气时间常数也就被确定了。

派生的时间常数：指系统的加速时间（这个加速时间即针对系统的加速过程，也针对系统的减速过程），它是由系统的机械时间常数与电气时间常数之和以及系统的驱动功率共同决定的。请注意，这个系统的"加速时间"不是通常我们设置斜坡函数发生器的那个加减速时间，而是系统以额定转矩从 0 加速到额定转速的时间。这是一个系统加减速能力的指标。

热时间常数：是一个物理概念，是针对传动系统的热平衡参数而言的，是指一个系统在额定负载下运行，由冷态到热稳定的时间常数。

J_m（kg·cm²），转动惯量：指刚体绕轴转动惯性的度量。其数值为 $J = \sum (m_i \cdot r_i^2)$，式中 m_i 表示刚体的某个质点的质量，r_i 表示该质点到转轴的垂直距离。求和号（或积分号）遍及整个刚体。转动惯量只决定于刚体的形状、质量分布和转轴的位置，而同刚体绕轴的转动状态（如角速度的大小）无关。规则形状的均质刚体，其转动惯量可直接计算得到。不规则刚体或非均质刚体的转动惯量，一般用实验法测定。转动惯量应用于刚体各种运动的动力学计算中。

T_{pk}（N·m），峰值转矩：指在一定时间或者转角之内的最大转矩示值。

T_c（N·m），实时转矩：是连续输出当前的转矩值。

I_p（A），对应峰值转矩的电流。

I_{sp}（A），对应失速转矩的峰值电流。

I_s（A），对应失速转矩的均值电流。

K_{tp}，（N·m/A）。

K_t，（N·m/A）。

转矩灵敏度，电机转矩公式：$T = C_T \cdot \Phi \cdot I_a$，其中 C_T 为转矩常数，Φ 为每极主磁通，I_a 为电枢电流。大多数情况下，为保证电动机的稳定运行，大多采用的就是恒转矩调速方式，这个原因主要是生产所用负载大多也是恒转矩负载性质决定的。因此，在空载、轻载、额定负载、满载等情况下，各定子电流不同，但主磁通基本是不变的。

R_a（Ω），电枢电阻。

L_a，电枢电感。

就是电动机转子线圈两端的电阻。

K_{ep}，反电动势常数（V/（rad·s））。

K_e，反电动势常数（V/（rad·s））。

主磁通在定子绕组中产生的自感电动势称为反电动势，用 E_1 表示，其有效值的计算为

$$E_1 = 4.44 K_E \cdot F_N \cdot N_L \cdot \phi$$

式中：K_E 为比例常数；F_N 为定子电流的频率；N_L 为每相定子绕组的匝数；ϕ 为主磁通的振幅值。

R_{th}（℃/W），热阻（thermal resistance）：

一般地，接触热阻指热交换的两个物体，当一个物体的热功率每变化 1W，通过一定面积的热传导，而产生的物体温度的差值。

F_i［N·m/（kr/min）］，黏滞摩擦系数。

T_f（N·m），静摩擦转矩。

O_a（℃），最大电枢温度。

K_m，品质因数、灵敏值。

N_{ls}（r/min），最大操作速度。

W_t（kg），重量。

4）伺服电机分类

（1）交流伺服电动机。

交流伺服电动机定子的构造基本上与电容分相式单相异步电动机相似，其定子上装有两个位置互差 90°的绕组，一个是励磁绕组 R_f，它始终接在交流电压 U_f 上；另一个是控制绕组 L，连接控制信号电压 U_c。所以交流伺服电动机又称两个伺服电动机。

交流伺服电动机的转子通常做成笼式，但为了使伺服电动机具有较宽的调速范围、线性的机械特性，无"自转"现象和快速响应的性能，它与普通电动机相比，应具有转子电阻大和转动惯量小这两个特点。目前应用较多的转子结构有两种形式：一种是采用高电阻率的导电材料做成的高电阻率导条的笼式转子，为了减小转子的转动惯量，转子做得细长；另一种是采用铝合金制成的空心杯形转子，杯壁很薄，仅 0.2～0.3mm，为了减小磁路的磁阻，要在空心杯形转子内放置固定的内定子，空心杯形转子的转动惯量很小，反应迅速，而且运转平稳，因此被广泛采用。

交流伺服电动机在没有控制电压时，定子内只有励磁绕组产生的脉动磁场，转子静止

不动。当有控制电压时，定子内便产生一个旋转磁场，转子沿旋转磁场的方向旋转，在负载恒定的情况下，电动机的转速随控制电压的大小而变化，当控制电压的相位相反时，伺服电动机将反转。

（2）永磁交流伺服电动机。

20 世纪 80 年代以来，随着集成电路、电力电子技术和交流可变速驱动技术的发展，永磁交流伺服驱动技术有了突出的发展，各国著名电气厂商相继推出各自的交流伺服电动机和伺服驱动器系列产品并不断完善和更新。交流伺服系统已成为当代高性能伺服系统的主要发展方向，使原来的直流伺服面临被淘汰的危机。90 年代以后，世界各国已经商品化了的交流伺服系统是采用全数字控制的正弦波电动机伺服驱动。交流伺服驱动装置在传动领域的发展日新月异。

永磁交流伺服电动机同直流伺服电动机比较，主要优点有：

①电刷和换向器，因此工作可靠，对维护和保养要求低。

②子绕组散热比较方便。

③量小，易于提高系统的快速性。

④应于高速大力矩工作状态。

⑤功率下有较小的体积和重量。

（3）伺服电动机与单相异步电动机比较。

交流伺服电动机的工作原理与分相式单相异步电动机虽然相似，但前者的转子电阻比后者大得多，所以伺服电动机与单机异步电动机相比，有三个显著特点：

①启动转矩大。由于转子电阻大，与普通异步电动机的转矩特性曲线相比，有明显的区别。它可使临界转差率 $S_0 > 1$，这样不仅使转矩特性（机械特性）更接近于线性，而且具有较大的启动转矩。因此，当定子一有控制电压，转子立即转动，即具有启动快、灵敏度高的特点。

②运行范围较广。

③无自转现象。正常运转的伺服电动机，只要失去控制电压，电机立即停止运转。当伺服电动机失去控制电压后，它处于单相运行状态，由于转子电阻大，定子中两个相反方向旋转的旋转磁场与转子作用产生两个转矩特性（$T_1 - S_1$、$T_2 - S_2$ 曲线）及合成转矩特性（$T - S$ 曲线）。

交流伺服电动机的输出功率一般是 0.1～100W。当电源频率为 50Hz 时，电压有 36V、110V、220、380V 几种；当电源频率为 400Hz 时，电压有 20V、26V、36V、115V 等多种。

交流伺服电动机运行平稳、噪声小。但控制特性是非线性，并且由于转子电阻大，损耗大，效率低，因此与同容量直流伺服电动机相比，体积、重量大，所以只适用于 0.5～100W 的小功率控制系统。

伺服电机主要由定子 1、转子 5 和检测元件 8 等几部分组成，如图 2-63 所示。

5）伺服电机基本构成

交流伺服电机主要由定子和转子构成。

定子铁芯通常用硅钢片叠压而成。定子铁芯表面的槽内嵌有两相绕组，其中一相绕组是励磁绕组，另一相绕组是控制绕组，两相绕组在空间位置上互差 90°电角度。工作时励磁绕组 f 与交流励磁电源相连，控制绕组 k 加控制信号电压。

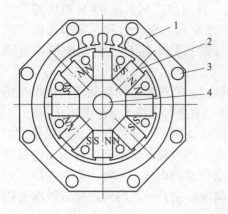
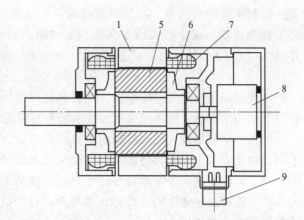

图 2 - 63　伺服电机主要组成

11. 伺服驱动器

1）伺服驱动器简介

伺服驱动器（servo drives）又称为"伺服控制器""伺服放大器"，是用来控制伺服电机的一种控制器，其作用类似于变频器作用于普通交流电动机，属于伺服系统的一部分，主要应用于高精度的定位系统。一般是通过位置、速度和力矩三种方式对伺服电机进行控制，实现高精度的传动系统定位，目前是传动技术的高端产品，如图 2 - 64 所示。

图 2 - 64　伺服驱动器

2）伺服驱动器的基本原理

目前主流的伺服驱动器均采用数字信号处理器（DSP）作为控制核心，伺服驱动器可以实现比较复杂的控制算法，实现数字化、网络化和智能化。功率器件普遍采用以智能功率模块（IPM）为核心设计的驱动电路，IPM 内部集成了驱动电路，同时具有过电压、过电流、过热、欠压等故障检测保护电路，在主回路中还加入软启动电路，以减小启动过程对驱动器的冲击。功率驱动单元首先通过三相全桥整流电路对输入的三相电或者市电进行整流，得到相应的直流电。经过整流好的三相电或市电，再通过三相正弦 PWM 电压型逆变器变频来驱动三相永磁式同步交流伺服电机。功率驱动单元的整个过程，简单地说，就是 AC—DC—AC 的过程。整流单元（AC—DC）主要的拓扑电路是三相全桥不控整流电路。

随着伺服系统的大规模应用，伺服驱动器使用、调试、维修都是伺服驱动器在当今比较重要的技术课题，越来越多工控技术服务商对伺服驱动器进行了技术深层次研究。

伺服驱动器是现代运动控制的重要组成部分，被广泛应用于工业机器人及数控加工中心等自动化设备中。尤其是应用于控制交流永磁同步电机的伺服驱动器已经成为国内外研究热点。当前交流伺服驱动器设计中普遍采用基于矢量控制的电流、速度、位置三闭环控制算法。该算法中速度闭环设计合理与否，对于整个伺服控制系统，特别是速度控制性能的发挥起到关键作用。

3）伺服驱动器的主要技术参数

（1）位置比例增益

①设定位置环调节器的比例增益。

②设置值越大，增益越高，刚度越大，相同频率指令脉冲条件下，位置滞后量越小，但数值太大可能会引起振荡或超调。

③参数数值由具体的伺服系统型号和负载情况确定。

（2）位置前馈增益

①设定位置环的前馈增益。

②设定值越大时，表示在任何频率的指令脉冲下，位置滞后量越小。

③位置环的前馈增益大，控制系统的高速响应特性提高，但会使系统的位置不稳定，容易产生振荡。

④不需要很高的响应特性时，本参数通常设为 0，表示范围 0～100%。

（3）速度比例增益

①设定速度调节器的比例增益。

②设置值越大，增益越高，刚度越大。参数数值根据具体的伺服驱动系统型号和负载值情况确定。一般情况下，负载惯量越大，设定值越大。

③在系统不产生振荡的条件下，尽量设定较大的值。

（4）速度积分时间常数

①设定速度调节器的积分时间常数。

②设置值越小，积分速度越快。参数数值根据具体的伺服驱动系统型号和负载情况确定。一般情况下，负载惯量越大，设定值越大。

③在系统不产生振荡的条件下，尽量设定较小的值。

（5）速度反馈滤波因子

①设定速度反馈低通滤波器特性。

②数值越大，截止频率越低，电机产生的噪声越小。如果负载惯量很大，可以适当减小设定值。数值太大，造成响应变慢，可能会引起振荡。

③数值越小，截止频率越高，速度反馈响应越快。如果需要较高的速度响应，可以适当减小设定值。

（6）最大输出转矩设置

①设置伺服电机的内部转矩限制值；

②设置值是额定转矩的百分比；

③任何时候，这个限制都有效定位完成范围；

④设定位置控制方式下定位完成脉冲范围；

⑤本参数提供了位置控制方式下驱动器判断是否完成定位的依据，当位置偏差计数器内的剩余脉冲数小于或等于本参数设定值时，驱动器认为定位已完成，到位开关信号为ON，否则为OFF；

⑥在位置控制方式时，输出位置定位完成信号，加减速时间常数；

⑦设置值是表示电机在 0～2000r/min 的加速时间，或在 2000～0r/min 的减速时间；

⑧加减速特性是线性的到达速度范围；

⑨设置到达速度；

⑩在非位置控制方式下，如果电机速度超过本设定值，则速度到达开关信号为 ON，否则为 OFF；

⑪在位置控制方式下，不用此参数；

⑫与旋转方向无关。

4）伺服驱动器基本构成

（1）控制系统一般由 DSP 组成，利用它采集电流反馈值闭合电流环，采集编码器信号算出速度闭合速度环，产生驱动系统的 6 个开关管的 PWM 开关信号。

（2）驱动系统主要包括：①整流滤波电路，比如将 220V 交流转换成 310V 左右直流提供给 IPM。②智能功率模块（IPM）内部是三相两电平桥电路。每相的上下开关管中间接输出 U、V、W。通过 6 个开关管的开闭，控制 U、V、W 三相每个伺服瞬间是与地连通还是与直流高电压连通。③电流采样电路，可能是霍尔电流传感器，电路的输出将与控制系统的 AD 接口相连。④编码器的外围电路，它的输出与 DSP 的事件管理器相连。

12. 变频器

1）变频器简介

变频器（variable-frequency drive，VFD）是应用变频技术与微电子技术，通过改变电机工作电源频率方式来控制交流电动机的电力控制设备。

变频器主要由整流（交流变直流）、滤波、逆变（直流变交流）、制动单元、驱动单元、检测单元微处理单元等组成。变频器靠内部 IGBT 的开断来调整输出电源的电压和频率，根据电机的实际需要来提供其所需要的电源电压，进而达到节能、调速的目的，另外，变频器还有很多的保护功能，如过流、过压、过载保护等。随着工业自动化程度的不断提高，变频器也得到了非常广泛的应用。

2）变频器基本原理

（1）概述。

变频器主电路是给异步电动机提供调压调频电源的电力变换部分（图 2-65）。变频器的主电路大体上可分为两类变频功率分析仪：电压型是将电压源的直流变换为交流的变频器，直流回路滤波是电容；

图 2-65　变频器

电流型是将电流源的直流变换为交流的变频器，其直流回路滤波是电感。它由三部分构成，将工频电源变换为直流功率的"整流器"，吸收在变流器和逆变器产生的电压脉动的"平波回路"。

（2）整流器。

大量使用的是二极管的变流器，它把工频电源变换为直流电源。也可用两组晶体管变流器构成可逆变流器，由于其功率方向可逆，可以进行再生运转。

（3）平波回路。

在整流器整流后的直流电压中，含有电源6倍频率的脉动电压，此外逆变器产生的脉动电流也使直流电压变动。为了抑制电压波动，采用电感和电容吸收脉动电压（电流）。装置容量小时，如果电源和主电路构成器件有余量，可以省去电感采用简单的平波回路。

（4）逆变器。

同整流器相反，逆变器是将直流功率变换为所要求频率的交流功率，以所确定的时间使6个开关器件导通、关断就可以得到三相交流输出。

控制电路是给异步电动机供电（电压、频率可调）的主电路提供控制信号的回路，它由频率、电压的"运算电路"，主电路的"电压、电流检测电路"，电动机的"速度检测电路"，将运算电路的控制信号进行放大的"驱动电路"，以及逆变器和电动机的"保护电路"组成。

①运算电路：将外部的速度、转矩等指令同检测电路的电流、电压信号进行比较运算，决定逆变器的输出电压、频率。

②电压、电流检测电路：与主回路电位隔离检测电压、电流等。

③驱动电路：驱动主电路器件的电路。它与控制电路隔离使主电路器件导通、关断。

④速度检测电路：以装在异步电动机轴机上的速度检测器（tg、plg等）的信号为速度信号，送入运算回路，根据指令和运算可使电动机按指令速度运转。

⑤保护电路：检测主电路的电压、电流等，当发生过载或过电压等异常时，防止逆变器和异步电动机损坏。

3）变频器的主要技术参数

（1）控制方式：即速度控制、转矩控制、PID控制或其他方式。采取控制方式后，一般要根据控制精度进行静态或动态辨识。

（2）最低运行频率：即电机运行的最小转速，电机在低转速下运行时，其散热性能很差，电机长时间运行在低转速下，会导致电机烧毁。而且低速时，其电缆中的电流也会增大，也会导致电缆发热。

（3）最高运行频率：一般的变频器最大频率到60Hz，有的甚至到400Hz，高频率将使电机高速运转，这对普通电机来说，其轴承不能长时间地超额定转速运行，电机的转子不能承受这样的离心力。

（4）载波频率：载波频率设置得越高其高次谐波分量越大，这和电缆的长度、电机发热、电缆发热、变频器发热等因素是密切相关的。

（5）电机参数：变频器在参数中设定电机的功率、电流、电压、转速、最大频率，这些参数可以从电机铭牌中直接得到。

（6）跳频：在某个频率点上，有可能会发生共振现象，特别在整个装置比较高时；在控制压缩机时，要避免压缩机的喘振点。

(7) 加减速时间：加速时间就是输出频率从 0 上升到最大频率所需时间，减速时间是指从最大频率下降到 0 所需时间。通常用频率设定信号上升、下降来确定加减速时间。在电动机加速时须限制频率设定的上升率以防止过电流，减速时则限制下降率以防止过电压。加速时间设定要求：将加速电流限制在变频器过电流容量以下，不使过流失速而引起变频器跳闸；减速时间设定要点是：防止平滑电路电压过大，不使再生过压失速而使变频器跳闸。加减速时间可根据负载计算出来，但在调试中常按负载和经验先设定较长加减速时间，通过启、停电动机观察有无过电流、过电压报警；然后将加减速设定时间逐渐缩短，以运转中不发生报警为原则，重复操作几次，便可确定出最佳加减速时间。

(8) 转矩提升：又叫转矩补偿，是为补偿因电动机定子绕组电阻所引起的低速时转矩降低，而把低频率范围 f/V 增大的方法。设定为自动时，可使加速时的电压自动提升以补偿启动转矩，使电动机加速顺利运行。如采用手动补偿时，根据负载特性，尤其是负载的启动特性，通过试验可选出较佳曲线。对于变转矩负载，如选择不当会出现低速时的输出电压过高而浪费电能的现象，甚至还会出现电动机带负载启动时电流大而转速上不去的现象。

(9) 电子热过载保护：本功能为保护电动机过热而设置，它是变频器内 CPU 根据运转电流值和频率计算出电动机的温升，从而进行过热保护。本功能只适用于"一拖一"场合，而在"一拖多"时，则应在各台电动机上加装热继电器。电子热保护设定值（%）=［电动机额定电流（A）/变频器额定输出电流（A）］×100%。

(10) 频率限制：即变频器输出频率的上、下限幅值。频率限制是为防止误操作或外接频率设定信号源出故障，而引起输出频率的过高或过低，导致设备损坏的一种保护功能。在应用中按实际情况设定即可。此功能还可作限速使用，如有的皮带输送机，由于输送物料不太多，为减少机械和皮带的磨损，可采用变频器驱动，并将变频器上限频率设定为某一频率值，这样就可使皮带输送机运行在一个固定、较低的工作速度上。

(11) 偏置频率：有的又叫偏差频率或频率偏差设定。其用途是当频率由外部模拟信号（电压或电流）进行设定时，可用此功能调整频率设定信号最低时输出频率的高低。有的变频器当频率设定信号为 0% 时，偏差值可作用在 $0\sim f_{max}$ 范围内，有的变频器（如明电舍、三垦）还可对偏置极性进行设定。如在调试中当频率设定信号为 0% 时，变频器输出频率不为 0Hz，而为 xHz，则此时将偏置频率设定为负的 xHz 即可使变频器输出频率为 0Hz。

(12) 频率设定信号增益：此功能仅在用外部模拟信号设定频率时才有效。它用来弥补外部设定信号电压与变频器内电压（+10V）的不一致问题；同时，方便模拟设定信号电压的选择，设定时，当模拟输入信号为最大时（如 10V、5V 或 20mA），求出可输出 f/V 图形的频率百分数并以此为参数进行设定即可；如外部设定信号为 $0\sim5$V 时，若变频器输出频率为 $0\sim50$Hz，则将增益信号设定为 200% 即可。

(13) 转矩限制：分为驱动转矩限制和制动转矩限制两种。它是根据变频器输出电压和电流值，经 CPU 进行转矩计算，其可对加减速和恒速运行时的冲击负载恢复特性有显著改善。转矩限制功能可实现自动加速和减速控制。假设加减速时间小于负载惯量时间时，也能保证电动机按照转矩设定值自动加速和减速。

驱动转矩功能提供了强大的启动转矩，在稳态运转时，转矩功能将控制电动机转差，而将电动机转矩限制在最大设定值内，当负载转矩突然增大时，甚至在加速时间设定过短时，也不会引起变频器跳闸。在加速时间设定过短时，电动机转矩也不会超过最大设定值。驱动转矩大对启动有利，以设置为80%～100%较妥。

制动转矩设定数值越小，其制动力越大，适合急加减速的场合，如制动转矩设定数值设置过大会出现过压报警现象。如制动转矩设定为0%，可使加到主电容器的再生总量接近于0，从而使电动机在减速时，不使用制动电阻也能减速至停转而不会跳闸。但在有的负载上，如制动转矩设定为0%时，减速时会出现短暂空转现象，造成变频器反复启动，电流大幅度波动，严重时会使变频器跳闸，应引起注意。

4）变频器分类

（1）按直流电源性质分类。

①电压型——储能元件为电容器，被控量为电压，也就是相当于提供的是电压源，它动态响应较慢，制动时需在电源侧设置反并联逆变器才能实现能量回馈，可适应多电机拖动。其逆变输出的交流电压为矩形波或阶梯波，而电流的波形经过电动机负载滤波后接近于正弦波，但有较大的谐波分量。由于它是作为电压源向交流电动机提供交流电功率，所以主要优点是运行几乎不受负载的功率因素或换流的影响；缺点是当负载出现短路或在变频器运行状态下投入负载，都易出现过电流，必须在极短的时间内施加保护措施。

②电流型——储能元件为电抗器，直流内阻较大，相当于提供的是电流源，动态响应快，可直接实现回馈制动，感应电动机电流型变频调速系统可以频繁、快速地实现四象限运行，更适宜一台逆变器对一台电机供电的单机运行方式。其优点是具有四象限运行能力，能很方便地实现电机的制动功能。缺点是需要对逆变桥进行强迫换流，装置结构复杂，调整较为困难。另外，由于电网侧采用可控硅移相整流，故输入电流谐波较大，容量大时对电网会有一定的影响。

（2）依据工作原理分类。

①V/f控制——V/f控制变频器就是保证输出电压跟频率成正比的控制，这样可以使电动机的磁通保持一定，避免弱磁和磁饱和现象的产生，多用于风机、泵类节能，用压控振荡器实现。异步电动机的转矩是电机的磁通与转子内流过电流之间相互作用而产生的，在额定频率下，电压一定降低频率，磁通变大，磁回路趋向饱和，严重时将烧毁电机。频率与电压要成比例地改变，使电动机的磁通保持一定，避免弱磁和磁饱和现象的产生。

②转差频率控制——转差调速即改变异步电动机的滑差来调速，滑差越大速度越慢。绕线式电机转子串电阻，转差频率控制技术的采用，使变频调速系统在一定程度上改善了系统的静态和动态性能，同时它又比矢量控制方法简便，具有结构简单、容易实现、控制精度高等特点，广泛应用于异步电机的矢量控制调速系统中。不需要进行复杂的磁通检测和烦琐的坐标变换，只要在转子磁链大小不变的前提下，通过检测定子电流和转子角速度，经过数学模型的运算就可以间接地进行磁场定向控制。要提高调速系统的动态性能，主要依靠控制转速的变化率，显然，通过控制转差角频率就能达到控制的目的。

③矢量控制——依据直流电动机调速控制的特点，将异步电动机定子绕组电流按矢量变换的方法分解并形成类似于直流电动机的磁场电流分量和转矩电流分量，只要控制异步电动机定子绕组电流的大小和相位，就可以控制励磁电流和转矩电流，这样控制交流异步电动机的转速就像控制直流电动机一样，得到良好的调速控制效果。它的主要特点是低频

转矩大、动态响应快、控制灵活，一般应用在恶劣的工作环境、要求高速响应和高精度的电力拖动的系统等。

5）变频器基本构成

变频器通常分为 4 部分：整流单元、高容量电容、逆变器和控制器。

（1）整流单元：将工作频率固定的交流电转换为直流电。

（2）高容量电容：存储转换后的电能。

（3）逆变器：由大功率开关晶体管阵列组成电子开关，将直流电转化成不同频率、宽度、幅度的方波。

（4）控制器：按设定的程序工作，控制输出方波的幅度与脉宽，使叠加为近似正弦波的交流电驱动交流电动机。

2.3.3　低压电器元件的选用规则及安装使用

1. 低压电器元件重要参数

（1）额定电压：

在开关电器元件的产品样本中，给出了额定工作电压和额定绝缘电压两个数值。无论是按额定工作电压还是按额定绝缘电压选择都是可以的。如开关电器的额定工作电压，对低压断路器来说，关系到它的通断特性参数；对接触器来说，关系到工作制和使用类别。

（2）额定电流：

开关电器的额定电流应不小于它安装位置的最大负荷电流，同时应考虑它的工作制（长期连续工作制、断续周期工作制、短时工作制）。

（3）额定分断能力：

对于断路器来说，额定短路分断能力是指断路器在 1.1 倍额定工作电压、额定频率与规定的功率因数时能断开的短路电流，它应不小于安装地点短路电流周期分量有效值。

（4）动、热稳定性：

开关电器的额定短时耐受电流，即热稳定电流。

动稳定性的校验条件是：如开关电器的额定峰值耐受电流不小于短路冲击电流。

2. 低压电器元件选用基本规则

低压配电设计所选用的电器，应符合国家现行的有关标准（如 GB 14048 系列标准，低压开关设备和控制设备共有 16 部标准），并应符合下列基本要求：

（1）电器的额定电压应与所在回路标称电压相适应；

（2）电器的额定电流不应小于所在回路的计算电流；

（3）电器的额定频率应与所在回路的频率相适应；

（4）电器应适应所在场所的环境条件；

（5）电器应满足短路条件下的动稳定与热稳定的要求，用于断开短路电流的电器，应满足短路条件下的通断能力。

低压电器元件安装使用基本规则：

（1）低压电器应垂直安装。应使用螺栓固定在支持物上而不应采用焊接，安装位置应便于操作。

（2）低压电器应安装在没有剧烈振动的场所，距地面要有适当的高度。刀开关、负荷开关等电源线必须接在固定触点上。

（3）低压电器的金属外壳或金属支架必须接地（或接零）。电器的裸露部分应加防护罩。

（4）在有易燃、易爆气体或粉尘的厂房，电器应密封安装在室外，且有防雨措施，对有爆炸危险的场所必须使用防爆电器。

（5）使用时应保持电器触点表面的清洁、光滑、接触良好，触点应有足够的压力，各相触点的动作应一致，灭弧装置应保持完整。

（6）使用前应清除各接触面上的保护油层，投入运行前应先操作几次，检查动作情况。低压电器的静触点应接电源，动触点接负荷。

（7）单极开关必须接在相线上。落地安装的低压电器，其底部应高出地面100mm，在安装低压电器的盘面上，标明安装设备的名称及回路编号或路别。

（8）验算电器在短路条件下的通断能力，应采用安装处预期短路电流周期分量的有效值，当短路点附近所接电动机额定电流之和超过短路电流的1%时，应计入电动机反馈电流的影响。

2.3.4　电路连接的标准与使用规则

1. 电气元件和连接线的表示方法分类

（1）元件用于电路图中时有集中表示法、分开表示法、半集中表示法。

（2）元件用于布局图中时有位置布局法和功能布局法。

（3）连接线用于电路图中时有单线表示法和多线表示法。

（4）连接线用于接线图及其他图中时有连续线表示法和中断线表示法。

2. 连接导线的选择

（1）导线的类型应按敷设方式及环境条件选择。绝缘导体除满足上述条件外，尚应符合工作电压的要求。

（2）选择导体截面，应符合下列要求：

①线路电压损失应满足用电设备正常工作启动时端电压的要求。

②按敷设方式及环境条件确定的导线载流量，不应小于计算电流，固定敷设的导线最小芯线截面应符合表2-2的规定。

表2-2　铜线在不同温度下的线经与电流

线径（大约值）/mm²	铜线温度/℃			
	60	75	85	90
	电流/A			
2.5	20	20	25	25
4.0	25	25	30	30
6.0	30	35	40	40
8.0	40	50	55	55
14	55	65	70	75

续表

线径（大约值）/mm²	铜线温度/℃			
	60	**75**	**85**	**90**
	电流/A			
22	70	85	95	95
30	85	100	100	110
38	95	115	125	130
50	110	130	145	150
60	125	150	165	170
70	145	175	190	195
80	165	200	215	225
100	195	230	250	260

铜线在不同温度下的线径与电流的关系如下。

导线线径一般按如下公式计算：

$$铜线：S = IL / (54.4 \times U')$$
$$铝线：S = IL / (34 \times U')$$

式中：I——导线中通过的最大电流，A；

L——导线的长度，M；

U'——允许的电压降，V；

S——导线的截面积，mm²。

说明：

a. U'电压降可由整个系统中所用的设备（如探测器）范围分给系统供电用的电源电压额定值综合起来考虑选用。

b. 计算出来的截面积"往上靠"。

③导线应满足动稳定与热稳定的要求。

（3）沿不同冷却条件的路径敷设绝缘导线和电缆时，当冷却条件最坏段的长度超过5m，应按该段条件选择绝缘导线和电缆的截面，或只对该段采用大截面的绝缘导线和电缆。

3. 连接导线的布线要求

（1）布线时（非模型、模具配线），应符合平直、整齐、紧贴敷设面、走线合理及接点不得松动便于检修等要求。

（2）走线通道应尽可能少，同一通道中的沉底导线，按主、控电路分类集中，单层平行密排或成束，应紧贴敷设面。

（3）导线长度应尽可能短。

（4）布线应横平竖直，变换走向应垂直90°。

（5）上下触点若不在同一垂直线下，不应采用斜线连接。

（6）导线与接线端子或线桩连接时，应不压绝缘层、不反圈及露铜不大于1mm。并做到同一元件、同一回路的不同接点的导线间距离保持一致。

（7）一个电器元件接线端子上的连接导线不得超过两根，每节接线端子板上的连接导线一般只允许连接一根。

（8）布线时，严禁损伤线芯和导线绝缘。

（9）导线截面积不同时，应将截面积大的放在下层，截面积小的放在上层。

（10）线路节点或电器元件接线端子处需要套编码套管。

4. 连接导线的颜色标志一般规则

（1）保护导线（PE）必须采用黄绿双色线。

（2）动力电路的中线（N）和中间线（M）必须是浅蓝色。

（3）交流或直流动力电路应采用黑色。

（4）交流控制电路采用红色。

（5）直流控制电路采用蓝色。

（6）用作控制电路联锁的导线，如果是与外边控制电路连接，而且当电源开关断开仍带电时，应采用橘黄色或黄色。

（7）与保护导线连接的电路采用白色。

2.4　任务实现

任务一　低压断路器的调试使用

1. 低压断路器的选择

1）低压断路器的保护特性

低压断路器的保护特性主要是指其过载和过电流保护特性，即断路器的动作时间与过载和过电流脱扣器的动作电流的关系特性。为了能起到良好的保护作用，断路器的保护特性应同保护对象的允许发热特性匹配，即断路器的保护特性应位于保护对象的允许发热特性之下，如图 2 - 66 所示。其中，曲线 1 为保护对象的发热特性，曲线 2 为低压断路器的保护特性。

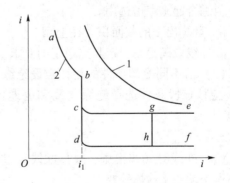

图 2 - 66　低压断路器的保护特性

1—保护对象的发热特性；2—低压断路器的保护特性

为了充分利用电气设备的过载能力，尽可能缩小事故范围，低压断路器的保护特性必须具有选择性，即它应当是分段的。保护特性的 ab 段是过载保护部分，它是反时限的，即动作电流的大小与动作时间的长短成反比。df 段是瞬时动作部分，只要故障电流超过 f 时，过电流脱扣器便瞬时动作，切除故障电路。ce 段是定时限延时动作部分，只要故障电流超过 i_1 时，过电流脱扣器经过一定的延时后即动作，切除故障电路。根据需要，断路器保护特性可以是两段式的，如 abdf 式（即过载长延时和短路瞬时动作）和 *abce* 式（即过载长延时和短路短延时动作）。为了获得更完整的选择性和上、下级开关间的协调配合，还可以有三段式的保护特性，即 *abcghf* 式的保护特性，过载长延时、短路短延时和特大短路瞬时动作。

2）低压断路器的选择

（1）断路器类型的选择：应根据使用场合和保护要求来选择。如一般选用塑壳式；短路电流很大时选用限流型；额定电流比较大或有选择性保护要求时选用框架式；控制和保护含有半导体器件的直流电路时应选用直流快速断路器等。

（2）断路器额定电压、额定电流应大于或等于线路、设备的正常工作电压、工作电流。

（3）断路器极限通断能力大于或等于电路最大短路电流。

（4）欠电压脱扣器额定电压等于线路额定电压。

（5）过电流脱扣器的额定电流大于或等于线路的最大负载电流。

2. 低压断路器的应用案例：利用低压断路器控制三相异步电动机的启停

1）使用电器型号

断路器型号：德力西 380V 电闸断路器 C63（图 2 - 67）。

电压：230V/400V。

电流：63A。

极数：3P。

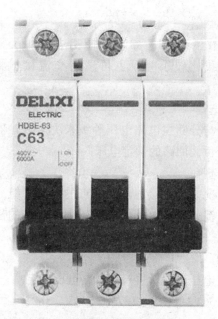

图 2 - 67　断路器

2）电气原理

实验现象：根据图纸搭建硬件进行实验，当断路器 Q1 闭合时负载三相异步电机 M1 通电，断开时负载三相异步电机 M1 断电（图 2 - 68）。

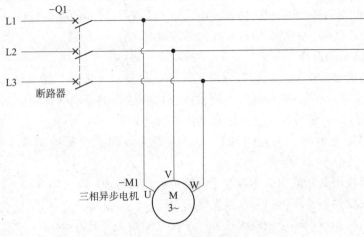

图 2-68　断路器接线图

任务二　接触器的调试使用

1. 接触器的选择

1）类型的选择

交流电动机采用交流接触器。

根据接触器所控制负载的工作任务来选择相应使用类别的接触器。直流负载采用直流接触器；当直流负载比较小时，也可选用交流接触器，但触点的额定电流应大些。

2）主触点额定电压的选择

根据接触器主触点接通与分断主电路电压等级来决定接触器的额定电压。接触器主触点的额定电压应大于或等于负载回路的额定电压。

3）主触点额定电流的选择

根据负载功率和操作情况来确定接触器主触点的电流等级。接触器主触点的额定电流应等于电阻性负载的工作电流。若是电感性负载，则主触点的额定电流应大于电动机等电感性负载的额定电流。

4）吸引线圈电压的选择

接触器吸引线圈的额定电压应由所接控制电路电压确定。

交流线圈电压一般有：36V、110V、127V、220V、380V。

直流线圈电压一般有：24V、48V、110V、220V、440V。

一般交流负载用交流线圈，直流负载用直流线圈，但交流负载频繁动作时，可采用直流线圈的接触器。

5）触点数量及触点类型的选择

通常接触器的触点数量应满足控制支路的要求，触点类型应满足控制线路的功能要求。

2. 接触器的应用案例：利用接触器控制三相异步电动机的启停

1）使用电器型号

接触器型号：施耐德 LC1 E1210M5N（图2–69）。

额定电压：220V。

额定电流：12A。

2）电机型号

异步电机（三相）如图2–70所示。

图2–69　接触器

图2–70　三相异步电机

3）电气原理

实验现象：根据图纸搭建硬件进行实验，合上断路器 Q1，使主回路通电，当 S1 按钮按下时，接触器的线圈 KM1 接通，三相异步电机启动转动。S1 按钮松开时，接触器的线圈 KM1 断开，三相异步电机停止转动。当断开断路器 Q1 时，即使 S1 处于按下状态，三相异步电机依然停止转动（图2–71）。

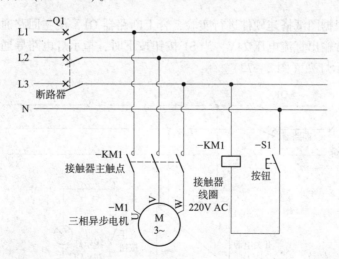

图2–71　接触器电路图与三相电机图

任务三　开关电源的调试使用

1. 开关电源选择

（1）选用合适的输入电压规格；

（2）选择合适的功率。为了使电源的寿命增长，可选用多 30% 输出功率额定的机种。

（3）考虑负载特性。如果负载是电动机、灯泡或电容性负载，当开机瞬间时电流较大，应选用合适电源以免过载。如果负载是电动机时应考虑停机时电压倒灌。

（4）此外尚需考虑电源的工作环境温度，以及有无额外的辅助散热设备，在过高的环境温度下电源需减额输出。

（5）根据应用所需选择各项功能：

保护功能：过电压保护（OVP）、过温度保护（OTP）、过负载保护（OLP）等。

应用功能：信号功能（供电正常、供电失效）、遥控功能、遥测功能、并联功能等。

特殊功能：功因矫正（PFC）、不断电（UPS）。

（6）选择所需符合的安规及电磁兼容（EMC）认证。

2. 开关电源应用案例：控制 24V 指示灯的启停

1）使用电器型号

开关电源型号：明伟 LRS - 100 - 24。

输入电压：58 ~ 264V AC。

输出电压：24V DC。

输出电流：0 ~ 4.5A。

功率：90%。

2）电气原理

实验现象：根据图纸搭建硬件进行实验，合上断路器 Q1，使主回路通电，开关电源得电，开关电源正常输出直流电压 24V，当 S1 按钮按下时，指示灯电路导通，指示灯得到直流 24V 电压，指示灯亮（图 2 - 72）。

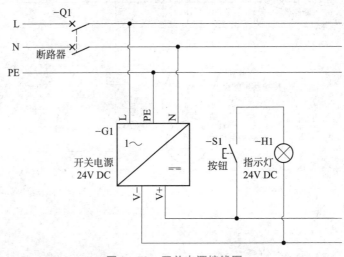

图 2 - 72　开关电源接线图

任务四 继电器的调试使用

1. 继电器的选择

1）按使用环境选型

使用环境条件主要指温度（最大与最小）、湿度（一般指40℃下的最大相对湿度）、低气压（使用高度1000m以下可不考虑）、振动和冲击。此外，尚有封装方式、安装方式、外形尺寸及绝缘性等要求。由于材料和结构不同，继电器承受的环境力学条件各异，超过产品标准规定的环境力学条件下使用，有可能损坏继电器，可按整机的环境力学条件或高一级的条件选用。对电磁干扰或射频干扰比较敏感的装置周围，最好不要选用交流电激励的继电器。直流继电器要选用带线圈瞬态抑制电路的产品，那些用固态器件或电路提供激励及尖峰信号比较敏感的地方，也要选择有瞬态抑制电路的产品。

2）按输入信号不同确定继电器种类

按输入信号（电、温度、时间、光信号）确定电磁、温度、时间、光电继电器，这是没有问题的。这里特别说明电压、电流继电器的选用。若整机供给继电器线圈是恒定的电流应选用电流继电器，是恒定电压值则选用电压继电器。

3）输入参量的选定

与用户密切相关的输入量是线圈工作电压（或电流），而吸合电压（或电流）则是继电器制造商控制继电器灵敏度并对其进行判断、考核的参数。对用户来讲，它只是一个工作下极限参数值。控制安全系数是工作电压（电流）、吸合电压（电流），如果在吸合值下使用继电器，是不可靠、不安全的，环境温度升高或处于振动、冲击条件下，将使继电器工作不可靠。整机设计时，不能以空载电压作为继电器工作电压依据，而应将线圈接入作为负载来计算实际电压，特别是电源内阻大时更是如此。当用三极管作为开关元件控制线圈通断时，三极管必须处于开关状态，对6V DC以下工作电压的继电器来讲，还应扣除三极管饱和压降。

当然，并非工作值加得越高越好，超过额定工作值太高会增加衔铁的冲击磨损，增加触点回跳次数，缩短电气寿命，一般工作值为吸合值的1.5倍，工作值的误差一般为±10%。

4）根据负载情况选择继电器触点的种类和容量

国内外长期实践证明，约70%的故障发生在触点上，这足见正确选择和使用继电器触点非常重要。触点组合形式和触点组数应根据被控回路实际情况确定。常用的触点组合形式见表2-3。动合触点组和转换触点组中的动合触点对，由于接通时触点回跳次数少和触点烧蚀后被偿量大，其负载能力和接触可靠性较动断触点组和转换触点组中的动断触点对要高，整机线路可通过对触点位置适当调整，尽量多用动合触点。

表 2-3　常用触点组合形式

名称	符号	字母代号	
		中国	美国
动合（常开）触点　SPST NO	或	H	A
动断（常闭）触点　SPST NC		D	B
先断后合转换触点　SPDT（B-M）		Z	C
先合后断转换触点　SPDT（M-B）	或	B	D
常开中和触点　SPDT NO		E	K
双动合触点　SPST NO DM		SH	X
双动触点　SPST NO DB		SD	Y

　　根据负载容量大小和负载性质（阻性、感性、容性、灯载及电动机负载）确定参数十分重要。认为触点切换负荷小一定比切换负荷大可靠是不正确的，一般来说，继电器切换负荷在额定电压下，电流大于 100mA、小于额定电流的 75% 最好。电流小于 100mA 会使触点积碳增加，可靠性下降，故 100mA 称作试验电流，是国内外专业标准对继电器生产商工艺条件和水平的考核内容。由于一般继电器不具备低电平切换能力，用于切换 $50mV/50\mu A$ 以下负荷的继电器在订货时，用户需注明，必要时应请继电器生产商协助选型。

继电器的触点额定负载与寿命是指在额定电压、电流下，负载为阻性的动作次数，超出额定电压时，可参照触点负载曲线选用，当负载性质改变时，其触点负载能力将发生变化，用户可参照表 2-4 变换触点负载电流。

表 2-4　变换器触点负载电流选择

电阻性电流	电感性电流	电机电流	电灯电流	最小电流
100%	30%	20%	15%	100mA

极性转换、相位转换负载场合，最好选用三位置的 K 型触点，不要选用二位置的 Z 型触点，除非产品明确规定用于三相交流负载转换，否则随着产品动作次数的增加，其燃弧也会增大，Z 型触点可能导致电源被短路。

在切换不同步的单相交流负载时，会存在相位差，所以触点额定值应为负载电流的 4 倍，额定电压为负载电压的 2 倍（表 2-5）。适合交流负载的触点不一定适合几个电源相位之间的负载切换，必要时应进行相应的电寿命试验。

表 2-5　负载性质及浪涌电流

性质	浪涌电流	浪涌时间	备注
阻性	稳态电流		$L \leqslant 10^{-4}$ H 或 $\cos\varphi = 1^{0}_{-0.01}$
螺线管	10~20 倍稳态电流	0.07~0.1	应当看作感性负载，但当 $\tau = L/R <$（10-4S）时可视为阻性负载
电动机	5~10 倍稳态电流	0.2~0.5	可用 5~6 倍电流的阻性负载来代替试验
白灯	10~15 倍稳态电流	0.34	
汞灯	约 3 倍稳态电流	180~300	
霓虹灯	5~10 倍稳态电流	<10	
钠光灯	1~3 倍稳态电流		
容性负载	20~40 倍稳态电流	0.01~0.04	长输送线、滤波器、电源类应看作容性负载

2. 继电器的应用案例：利用继电器控制指示灯的启停

1）使用电器型号

（1）开关电源。

型号：明伟 LRS-100-24。

输入电压：58~264V AC。

输出电压：24V DC。

输出电流：0~4.5A。

功率：90%。

（2）继电器。

型号：德力西 JQX-13F。

触点：8。

触点型式：二开二闭。

（3）按钮。

型号：施耐德 XB2BA31C（图 2-73）。

触点：4。

触点型式：一开一闭。

2）电气原理

实验现象：根据图纸搭建硬件进行实验，合上断路器 Q1，使主回路通电，开关电源得电，开关电源正常输出直流电压 24V，当 S1 按钮按下时，继电器线圈得电，继电器常开触点闭合，指示灯电路导通，指示灯得到直流 24V 电压，指示灯亮。松开按钮，继电器线圈失电，继电器触点断开，指示灯灭（图 2-74）。

图 2-73　按钮型号

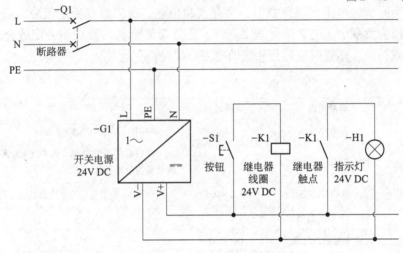

图 2-74　电气原理图

任务五　按钮的调试使用

1. 按钮的选择

（1）根据使用场合和具体用途选择按钮的种类。如嵌装在操作面板上的按钮可选用开启式；需显示工装状态的选用光标式。

（2）根据工作状态指示和工作情况要求，选择按钮或指示灯的颜色。如启动可选白、灰或黑色，急停选择红色，停止选择黑色。

（3）根据控制回路的需要选择按钮的数量，如单联钮、双联钮和三联钮。

2. 按钮的应用案例：按钮与继电器的自锁控制

1）使用电器型号

（1）开关电源。

型号：明伟 LRS-100-24。

输入电压：58~264V AC。

输出电压：24V DC。

输出电流：0～4.5A。

功率：90％。

（2）继电器。

型号：德力西 JQX – 13F。

触点：8。

触点型式：二开二闭。

（3）按钮。

型号：施耐德 XB2BA31C。

触点：4。

触点型式：一开一闭。

2）电气原理

实验现象：根据图纸搭建硬件进行实验，合上断路器 Q1，使主回路通电，开关电源得电，开关电源正常输出直流电压 24V，当 S1 按钮按下时，继电器线圈得电，继电器常开触点闭合，指示灯电路导通，指示灯得到直流 24V 电压，指示灯亮。松开 S1 按钮，继电器线圈依然是得电状态，指示灯保持亮状态。当 S2 按钮按下时，继电器线圈失电，继电器触点断开，指示灯灭（图 2 – 75）。

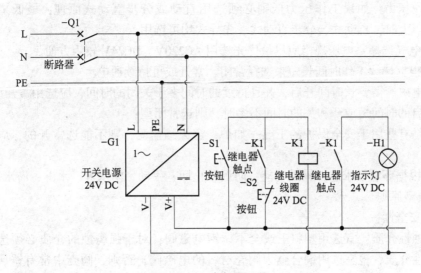

图 2 – 75　电气原理图

任务六　电磁阀的调试使用

1. 电磁阀的选择

1）选型依据

电磁阀选型首先应该依次遵循安全性、可靠性、适用性、经济性四大原则，其次是根据六个方面的现场工况（即管道参数、流体参数、压力参数、电气参数、动作方式、特殊要求进行选择）。

（1）根据管道参数选择电磁阀的通径规格（即 DN）、接口方式。

①按照现场管道内径尺寸或流量要求来确定通径（DN）尺寸；

②接口方式，一般口径大于 $DN50$ 要选择法兰接口，小于或等于 $DN50$ 则可根据用户需要自由选择。

（2）根据流体参数选择电磁阀的材质、温度组。

①腐蚀性流体：宜选用耐腐蚀电磁阀和全不锈钢；食用超净流体：宜选用食品级不锈钢材质电磁阀。

②高温流体：要选择采用耐高温的电工材料和密封材料制造的电磁阀，而且要选择活塞式结构类型的电磁阀。

③流体状态：大致有气态、液态或混合状态，特别是口径大于 $DN25$ 时一定要区分开来。

④流体黏度：通常在 50cSt（$1cSt = 1m^2/s$）以下可任意选择，若超过此值，则要选用高黏度电磁阀。

（3）根据压力参数选择电磁阀的原理和结构品种。

①公称压力：这个参数与其他通用阀门的含义是一样的，是根据管道公称压力来定；

②工作压力：如果工作压力低则必须选用直动或分步直动式原理；最低工作压差在 0.04MPa 以上时，直动式、分步直动式、先导式均可选用。

（4）电气选择：电压规格应尽量优先选用 AC220V、DC24V 较为方便。

（5）根据持续工作时间长短来选择常闭、常开或可持续通电。

①当电磁阀需要长时间开启，并且持续的时间多于关闭的时间，应选用常开型；

②开启的时间短或开和关的时间不多时，则选常闭型；

③但是有些用于安全保护的工况，如炉、窑火焰监测，则不能选常开的，应选可持续通电型。

（6）根据环境要求选择辅助功能：防爆、止回、手动、防水雾、水淋、潜水。

2）选型原则

（1）安全性：

①腐蚀性介质：宜选用塑料王或全不锈钢电磁阀；对于强腐蚀的介质必须选用隔离膜片式。中性介质，也宜选用铜合金为阀壳材料的电磁阀，否则，阀壳中常有锈屑脱落，尤其是动作不频繁的场合。氨用阀则不能采用铜材。

②爆炸性环境：必须选用相应防爆等级产品，露天安装或粉尘多场合应选用防水、防尘品种。

③电磁阀公称压力应超过管内最高工作压力。

（2）适用性：

①介质特性。

a. 气态、液态或混合状态介质分别选用不同品种的电磁阀。

b. 根据介质温度选择不同规格产品，否则线圈会烧掉，密封件老化，严重影响使用寿命。

c. 介质黏度通常在 50cSt 以下。若超过此值，通径大于 15mm 时，用多功能电磁阀；

通径小于 15mm 时，用高黏度电磁阀。

d. 介质清洁度不高时都应在电磁阀前配装反冲过滤阀，压力低时，可选用直动膜片式电磁阀。

e. 介质若是定向流通，且不允许倒流，需用双向流通。

f. 介质温度应选在电磁阀允许范围之内。

②管道参数。

a. 根据介质流向要求及管道连接方式选择阀门通口及型号。

b. 根据流量和阀门 Kv 值选定公称通径，也可选同管道内径。

c. 工作压差：最低工作压差在 0.04MPa 以上时可选用间接先导式；最低工作压差接近或小于零的必须选用直动式或分步直接式。

③环境条件。

a. 环境的最高和最低温度应选在允许范围之内；

b. 环境中相对湿度高及有水滴雨淋等场合，应选防水电磁阀；

c. 环境中经常有振动、颠簸和冲击等场合应选特殊品种，例如船用电磁阀；

d. 在有腐蚀性或爆炸性环境中使用的应优先根据安全性要求选用耐腐蚀型；

e. 环境空间若受限制，需选用多功能电磁阀，因其省去了旁路及三只手动阀且便于在线维修。

④电源条件。

a. 根据供电电源种类，分别选用交流和直流电磁阀。一般来说交流电源取用方便。

b. 电压规格尽量优先选用 AC220V、DC24V。

c. 电源电压波动，通常交流选用 –15% ~10%，直流允许 ±%10，如若超差，须采取稳压措施。

d. 应根据电源容量选择额定电流和消耗功率。须注意交流启动时 VA 值较高，在容量不足时应优先选用间接导式电磁阀。

⑤控制精度。

a. 普通电磁阀只有开、关两个位置，在控制精度要求高和参数要求平稳时需选用多位电磁阀；

b. 动作时间：指电信号接通或切断至主阀动作完成时间；

c. 泄漏量：样本上给出的泄漏量数值为常用经济等级。

（3）可靠性：

①工作寿命：此项不列入出厂试验项目，属于型式试验项目。为确保质量应选正规厂家的名牌产品。

②工作制式：分长期工作制、反复短时工作制和短时工作制三种。对于长时间阀门开通只有短时关闭的情况，则宜选用常开电磁阀。

③工作频率：动作频率要求高时，结构应优选直动式电磁阀，电源应优选交流。

④动作可靠性：严格来说此项试验尚未正式列入中国电磁阀专业标准，为确保质量应选正规厂家的名牌产品。有些场合动作次数并不多，但对可靠性要求却很高，如消防、紧急保护等，切不可掉以轻心。特别重要的是，还应采取两只连

用双保险。

2. 电磁阀的应用案例：电磁阀的伸出与缩回

1）使用电器型号

（1）开关电源。

型号：明伟 LRS - 100 - 24。

输入电压：58 ~ 264V AC。

输出电压：24V DC。

输出电流：0 ~ 4.5A。

功率：90%。

（2）继电器。

型号：德力西 JQX - 13F。

触点：8。

触点型式：二开二闭。

（3）按钮。

型号：施耐德 XB2BA31C。

触点：4。

触点型式：一开一闭。

（4）电磁阀。

型号：气立可系列，两位五通。

电源：24V。

2）电气原理

实验现象：根据图纸搭建硬件进行实验，合上断路器 Q1，使主回路通电，开关电源得电，开关电源正常输出直流电压 24V，当 S1 按钮按下时，继电器线圈得电，继电器常开触点闭合，电磁阀电路导通，电磁阀得到直流 24V 电压，电磁阀动作。松开按钮，继电器线圈失电，继电器触点断开，电磁阀复位（图 2 - 76）。

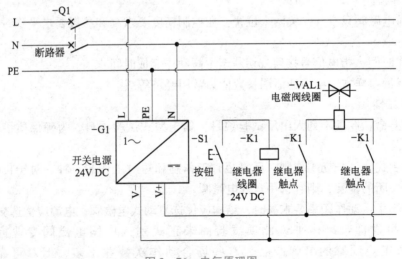

图 2 - 76　电气原理图

任务七　光电开关的调试使用

光电开关的应用案例：利用光电开关控制指示灯的启停

1. 使用电器型号

1）开关电源

型号：明伟 LRS – 100 – 24。

输入电压：58～264V AC。

输出电压：24V DC。

输出电流：0～4.5A。

功率：90%。

2）继电器

型号：气立可，二位五通。

3）光电开关

型号：红外光电开关传感器（图2 – 77）。

检出方式：对射。

电源：6～24V。

检测距离：5m。

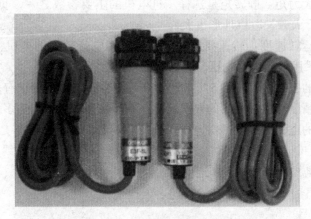

图2 – 77　红外光电开关传感器

2. 电气原理

实验现象：根据图纸搭建硬件进行实验，合上断路器 Q1，使主回路通电，开关电源得电，开关电源正常输出直流电压24V，对射光电得电，当对射光电接收端 B2 收到发射端 B1 信号时，继电器 K1 线圈得电，继电器常开触点闭合，指示灯点亮（图2 – 78）。

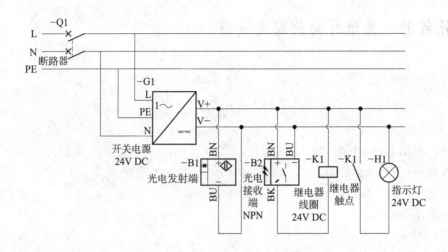

图 2 - 78 电气原理图

任务八 步进电机及驱动器的调试使用

1. 步进电机和步进电机驱动器的选择

（1）判断需多大力矩：静转矩是选择步进电机的主要参数之一。负载大时，需采用大力矩电机。力矩指标大时，电机外形也大。

（2）判断电机运转速度：转速要求高时，应选相电流较大的电机，以增加功率输入，且在选择驱动器时采用较高供电电压。

（3）选择电机的安装规格：如 57、86、110 等，主要与力矩要求有关。

（4）确定定位精度和振动方面的要求情况：判断是否需细分，需多少细分。

（5）根据电机的电流、细分和供电电压选择驱动器：步进驱动器是步进系统中的核心组件之一。它按照控制器发来的脉冲/方向指令（弱电信号）对电机线圈电流（强电）进行控制，从而控制电机转轴的位置和速度。

2. 步进电机的应用案例：步进电机的启停控制

1）使用电器型号

（1）步进电机。

型号：QL 两相 57MM（图 2 - 79）。

相数：2 相 4 线。

步距角度：1.8（±5%）。

额定电压：20 ~ 50V DC。

额定电流：4.2A。

最大细分：128。

（2）步进电机驱动器。

型号：DH542。

图 2 - 79 步进电机

工作电压范围：20～50V DC。

工作电流范围：1.0～5.6A。

适配电机：峰值电流在4.2A以下，外径42～57mm的各种型号的两相混合式步进电机。

信号电压：5V。

（3）步进电机驱动器控制器。

型号：DZZC－RS485（图2－80）。

额定电压：12～30V DC。

脉冲频率：最高50kHz。

2）电气原理

实验现象：根据图纸搭建硬件进行实验，合上断路器Q1，使主回路通电，开关电源得电，开关电源正常输出直流电压24V，步进电机驱动器和步进电机控制器得电，步进电机控制器需要通过485串口线连接至电脑，在电脑上打开步进电机控制器控制软件，可以控制步进电机的速度、反向等，当步进电机控制器发送方向信号和脉冲信号给步进电机驱动器，驱动器驱动步进电机M1转动（图2－81）。

图2－80 步进电机控制器

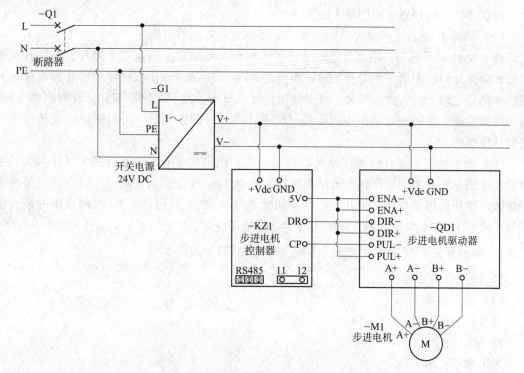

图2－81 电气原理图

任务九 接近开关的调试使用

1. 接近开关的选择

对于不同的材质的检测体和不同的检测距离，应选用不同类型的接近开关，以使其在系统中具有高的性能价格比，为此在选型中应遵循以下原则：

（1）当检测体为金属材料时，应选用高频振荡型接近开关，该类型接近开关对铁镍、A3 钢类检测体检测最灵敏。对铝、黄铜和不锈钢类检测体，其检测灵敏度就低。

（2）当检测体为非金属材料时，如木材、纸张、塑料、玻璃和水等，应选用电容型接近开关。

（3）金属体和非金属要进行远距离检测和控制时，应选用光电型接近开关或超声波型接近开关。

（4）对于检测体为金属时，若检测灵敏度要求不高时，可选用价格低廉的磁性接近开关或霍尔式接近开关。

（5）动作距离测定：当动作片由正面靠近接近开关的感应面时，使接近开关动作的距离为接近开关的最大动作距离，测得的数据应在产品的参数范围内。

（6）释放距离的测定：当动作片由正面离开接近开关的感应面，开关由动作转为释放时，测定动作片离开感应面的最大距离。

（7）回差 H 的测定：最大动作距离和释放距离之差的绝对值。

（8）动作频率测定：用调速电机带动胶木圆盘，在圆盘上固定若干钢片，调整开关感应面和动作片间的距离，约为开关动作距离的80%，转动圆盘，依次使动作片靠近接近开关，在圆盘主轴上装有测速装置，开关输出信号经整形，接至数字频率计。此时启动电机，逐步提高转速，在转速与动作片的乘积与频率计数相等的条件下，可由频率计直接读出开关的动作频率。

（9）重复精度测定：将动作片固定在量具上，由开关动作距离的120%以外，从开关感应面正面靠近开关的动作区，运动速度控制在 0.1mm/s 上。当开关动作时，读出量具上的读数，然后退出动作区，使开关断开。如此重复 10 次，最后计算 10 次测量值的最大值和最小值与 10 次平均值之差，差值大者为重复精度误差。

2. 接近开关的应用案例：利用接近开关控制指示灯的启停

1）使用电器型号

（1）开关电源。

型号：明伟 LRS – 100 – 24。

输入电压：58 ~ 264V AC。

输出电压：24V DC。

输出电流：0 ~ 4.5A。

功率：90%。

（2）继电器。

型号：德力西 JQX – 13F。

触点：8。

触点型式：二开二闭。

（3）光电开关。

型号：电感式接近开关（图 2-82）。

检测体：铁。

电源：24V。

检测距离：2m。

2）电气原理

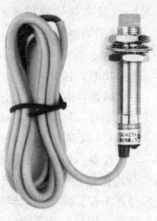

实验现象：根据图纸搭建硬件进行实验，合上断路器 Q1，使主回路通电，开关电源得电，开关电源正常输出直流电压 24V，接近开关 B1 得电，当接近开关 B1 检测到物体时，继电器 K1 线圈得电，继电器常开触点闭合，指示灯点亮（图 2-83）。

图 2-82 电感式接近开关

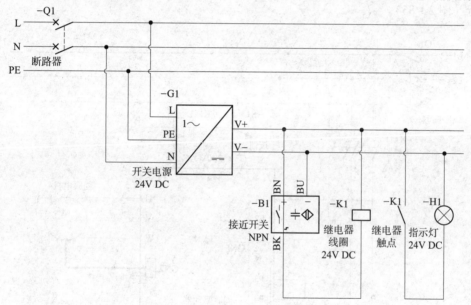

图 2-83 电气原理图

🌀 任务十 伺服电机及驱动器的调试使用

1. 伺服电机的选择

（1）转速和编码器分辨率的确认。

（2）电机轴上负载力矩的折算和加减速力矩的计算。

（3）计算负载惯量，惯量的匹配：以安川伺服电机为例，部分产品惯量匹配可达 50 倍，但实际越小越好，这样对精度和响应速度好。

（4）再生电阻的计算和选择：对于伺服电机，一般使功率在 2kW 以上，要外配置。

（5）电缆选择：编码器电缆双绞屏蔽的，对于安川伺服等日系产品绝对值编码器是 6 芯，增量式是 4 芯。

2. 伺服电机的应用案例：伺服电机的控制

1）使用电器型号

伺服驱动器型号：三菱伺服驱动器 MR – J4 – 100A。

输出功率：1kW。

额定电流：6A。

电机型号：三菱 HF – KP13 伺服电机（图 2 – 84）。

2）电气原理

实验现象：根据图纸搭建硬件进行实验，合上断路器 Q1，使主回路通电，按下按钮 S1，接触器线圈得电，接触器触点闭合，伺服驱动器得电，通过上位机或 PLC 发送控制信号，伺服驱动器输出电压给伺服电机，伺服电机启动运行（图 2 – 85）。

图 2 – 84　伺服电机

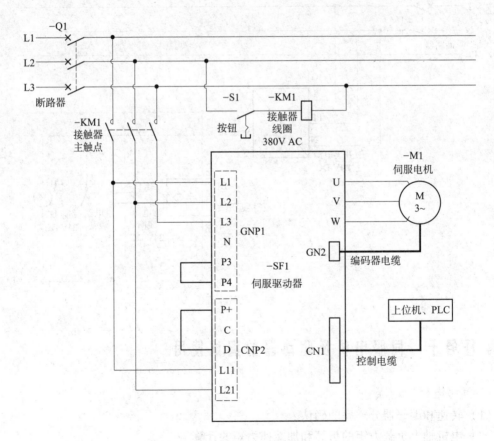

图 2 – 85　电气原理图

任务十一　变频器的调试使用

1. 变频器的选择

（1）变频器功率按所带的负载功率选取。多大功率电机就选多大功率的变频器，大一规格也可以。

（2）按不同用途选不同型号的变频器。例如有通用的变频器，有风机水泵专用的变频器，有机床主轴专用的变频器，等等。

（3）负载惯性大的，要同时选择制动单元和制动电阻。

（4）查电动机的铭牌额定电流（没有铭牌时测出额定电流），变频器的额定电流比电动机的最大运行电流大就可以了。

2. 变频器的应用案例：利用变频器控制三相电机的启停

1）使用电器型号

变频器型号：变频器 FR－F740－22K－CHT（图2－86）。

输出功率：2.2kW

额定电流：4.8A

电机型号：

异步电机（三相）。

图2－86　变频器

2）电气原理

实验现象：根据图纸搭建硬件进行实验，合上断路器 Q1，使主回路通电，按下按钮 S1，接触器线圈得电，接触器触点闭合，变频器得电；按下按钮 S2，变频器输出默认频率电压，三相异步电机正向启动运行；释放按钮 S2，按下按钮 S3，变频器输出默认频率电压，三相异步电机反向启动运行；按下按钮 S2，同时按下按钮 S6，变频器输出设定低速挡的频率电压，三相异步电机低速正向启动运行；按下按钮 S2，同时按下按钮 S5，变频器输出设定中速挡的频率电压，三相异步电机中速正向启动运行；按下按钮 S2，同时按下按钮 S4，变频器输出设定高速挡的频率电压，三相异步电机高速正向启动运行(图2-87)。

备注：此处用的接触器线圈是交流380V的。

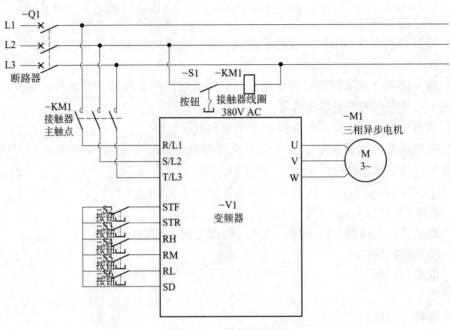

图2-87 电气原理图

项目三

工控触摸屏（HMI）认知与应用

3.1 项目描述

本项目主要介绍工控触摸屏的相关知识，从工控触摸屏的历史发展到硬件结构，以及对应编程软件 MCGSE。

3.2 教学目标

了解工控触摸屏的组成；学会运用工控触摸屏组成系统；学会使用 MCGSE 软件编程。

3.3 知识准备

3.3.1 认识 HMI

工控触摸屏（图 3 - 1）又称为"人机界面"（human machine interaction，HMI），是人与计算机之间传递、交换信息的媒介和对话接口，是计算机系统的重要组成部分，是系统和用户之间进行交互和信息交换的媒介，它实现信息的内部形式与人类可接受形式之间的转换。凡参与人机信息交流的领域都存在着人机界面。

早期的人机界面是命令语言人机界面，人机对话都是机器语言。人机交互方式只能是命令和询问，通信完全以正文形式通过用户命令和用户对系统询问的方式来完成。这要求惊人的记忆和大量的训练，要求操作者有较高的专业水平。对一般用户来说，命令语言用户界面容易出错，不友善且难学习，错误处理能力也较弱。因此，这一时期被认为是人机对峙时期。

随着硬件技术的发展以及计算机图形学、软件工程、窗口系统等软件技术的进步，图形用户界面产生并得到广泛应用，成为当前人机界面的主流。图形用户界面也被称为 WMP 界面，即窗口、图标、菜单、指针四位一体形成桌面。其中，窗口是交互的基础区域，主

图 3 - 1　工控触摸屏

要包括标题栏、支持移动和大小缩放、菜单栏、工具栏及操作区。窗口通常是矩形，但现在很多软件把它做成不规则形，以便看上去更有活力和个性。图标是用于表示某个对象的图形标志，很大一部分来源于术语符号，初次接触时需要记忆，如最小化、关闭等；还有一部分图标来源于生活，比较形象而不必记忆，比如喇叭表示调节音量，信封表示邮件等。菜单是供用户选择的动作命令，在一个软件中，所有的用户命令都包含在菜单中。菜单通常要通过窗口来显示，常见类型有工具栏、下拉式、弹出式和级联式等。指针是一个图形，用以对指点设备（鼠标等）输入到系统的位置进行可视化描述，图形界面指针常用的有箭头、十字、文本输入、等待沙漏等。图形用户界面能同时显示不同种类的信息，使用户在几个环境中切换而不失去工作之间的联系，用户可通过下拉式菜单方便地执行任务，在减少键盘输入的情形下，大大提高交互效率。

后来多通道用户界面成为人机交互技术研究的崭新领域，在国际上受到高度重视。多通道用户界面的研究正是为了消除当前图形用户界面、多媒体用户界面通信宽带不平衡的弊病而兴起的。在多通道用户界面中，综合采用视线、语音、手势等新的交互通道、设备和技术，使用户利用多个通道以自然、并行、协作的方式进行人机对话，而机器则通过整合来自多个通道的精确的和不精确的输入来捕捉用户的交互意图，提高交互的自然性和高效性。

人机界面的发展一直未停止，计算机科学家并不满足于这种现状，他们正在积极探索新型风格的人机界面，虚拟现实技术的兴起是人机界面发展的新趋势。

3.3.2　HMI 产品的组成及基本功能

人机界面产品由硬件和软件组成，硬件部分包括处理器、显示单元、输入单元、通信接口、数据存储单元等，其中处理器的性能决定了 HMI 产品的性能高低，是 HMI 的核心单元。根据 HMI 的产品等级不同，处理器可分别选用 8 位、16 位、32 位的处理器。HMI 软件一般分为两部分，即运行于 HMI 硬件中的系统软件和运行于个人计算机（PC）中的画面组态软件。使用者都必须先使用 HMI 的画面组态软件制作"工程文件"，再通过 PC 和 HMI 产品的串行通信接口，把编制好的"工程文件"下载到 HMI 的处理器中运行。基本功能包括：设备工作状态的显示；数据、文字输入操作，打印输出；生产配方储存，设备生产数据记录；简单的逻辑和数值运算；可连接多种工业控制设备组网。

3.3.3　了解 MCGS 编程软件

MCGS 嵌入版组态软件（图 3 - 2）是北京昆仑通态自动化软件科技有限公司开发完成的，主要完成通用工作站的数据采集和加工、实时和历史数据处理、报警和安全机制、流程控制、动画显示、趋势曲线和报表输出等日常性监控事务。对工作站软件的要求是：系统稳定可靠，能方便地代替大量的现场工作人员的劳动并完成对现场的自动监控和报警处理，随时或定时地打印各种报表。

图 3 - 2　MCGS 嵌入版组态软件

MCGS 组态软件包含多种功能特点：

（1）简单灵活的可视化操作界面。MCGS 嵌入版采用全中文、可视化、面向窗口的开发界面，符合中国人的使用习惯和要求。以窗口为单位，构造用户运行系统的图形界面，使得 MCGS 嵌入版的组态工作既简单直观，又灵活多变。用户可以使用系统的默认构架，也可以根据需要自己组态配置，生成各种类型和风格的图形界面。

（2）实时性强、有良好的并行处理性能。MCGS 嵌入版是真正的 32 位系统，充分利用了多任务、按优先级分时操作的功能，以线程为单位对在工程作业中实时性强的关键任务和实时性不强的非关键任务进行分时并行处理，使嵌入式 PC 广泛应用于工程测控领域成为可能。例如，MCGS 嵌入版在处理数据采集、设备驱动和异常处理等关键任务时，可在主机运行周期时间内插空进行像打印数据一类的非关键性工作，实现并行处理。

（3）丰富、生动的多媒体画面。MCGS 嵌入版以图像、图符、报表、曲线等多种形式，为操作员及时提供系统运行中的状态、品质及异常报警等相关信息；用大小变化、颜色改变、明暗闪烁、移动翻转等多种手段，增强画面的动态显示效果；对图元、图符对象定义相应的状态属性，实现动画效果。MCGS 嵌入版还为用户提供了丰富的动画构件，每个动画构件都对应一个特定的动画功能。

（4）完善的安全机制。MCGS 嵌入版提供了良好的安全机制，可以为多个不同级别用户设定不同的操作权限。此外，MCGS 嵌入版还提供了工程密码，以保护组态开发者的成果。

（5）强大的网络功能。MCGS 嵌入版具有强大的网络通信功能，支持串口通信、Modem 串口通信、以太网 TCP/IP 通信，不仅可以方便快捷地实现远程数据传输，还可以通过 Web 浏览功能，在整个企业范围内浏览监测到整个生产信息，实现设备管理和企业管理的集成。

（6）多样化的报警功能。MCGS 嵌入版提供多种不同的报警方式，具有丰富的报警类型，方便用户进行报警设置，并且系统能够实时显示报警信息，对报警数据进行存储与应答，为工业现场安全可靠地生产运行提供有力的保障。

（7）实时数据库为用户分步组态提供极大方便。MCGS 嵌入版由主控窗口、设备窗口、用户窗口、实时数据库和运行策略五个部分构成，其中实时数据库是一个数据处理中心，是系统各个部分及其各种功能性构件的公用数据区，是整个系统的核心。各个部件独立地向实时数据库输入和输出数据，并完成自己的差错控制。在生成用户应用系统时，每一部分均可分别进行组态配置，独立建造，互不相干。

（8）支持多种硬件设备，实现"设备无关"。MCGS 嵌入版针对外部设备的特征，设立设备工具箱，定义多种设备构件，建立系统与外部设备的连接关系，赋予相关的属性，实现对外部设备的驱动和控制。用户在设备工具箱中可方便选择各种设备构件。不同的设备对应不同的构件，所有的设备构件均通过实时数据库建立联系，而建立时又是相互独立的，即对某一构件的操作或改动，不影响其他构件和整个系统的结构，因此 MCGS 嵌入版是一个"设备无关"的系统，用户不必因外部设备的局部改动而影响整个系统。

（9）方便控制复杂的运行流程。MCGS 嵌入版开辟了"运行策略"窗口，用户可以选用系统提供的各种条件和功能的策略构件，用图形化的方法和简单的类 Basic 语言构造多分支的应用程序，按照设定的条件和顺序，操作外部设备，控制窗口的打开或关闭，与实时数据库进行数据交换，自由、精确地控制运行流程，同时也可以由用户创建新的策略构件，扩展系统的功能。

（10）良好的可维护性。MCGS 嵌入版系统由五大功能模块组成，主要的功能模块以构件的形式来构造，不同的构件有着不同的功能，且各自独立。三种基本类型的构件（设备构件、动画构件、策略构件）完成了 MCGS 嵌入版系统的三大部分（设备驱动、动画显示和流程控制）的所有工作。

（11）用自建文件系统来管理数据存储，系统可靠性更高。由于 MCGS 嵌入版不再使用 Access 数据库来存储数据，而是使用了自建的文件系统来管理数据存储，所以与 MCGS 通用版相比，MCGS 嵌入版的可靠性更高，在异常掉电的情况下也不会丢失数据。

（12）设立对象元件库，组态工作简单方便。对象元件库实际上是分类存储各种组态对象的图库。组态时，可把制作完好的对象（包括图形对象、窗口对象、策略对象以至位图文件等）以元件的形式存入图库中，也可把元件库中的各种对象取出，直接为当前的工程所用，随着工作的积累，对象元件库将日益扩大和丰富。这解决了组态结果的积累和重新利用问题。组态工作将会变得越来越简单方便。

3.4 任务实现

任务一 HMI 开发环境搭建

（1）下载安装 MCGS 组态软件。

（2）新建工程。打开组态软件，在菜单栏中单击"新建"图标，或单击"文件"栏里的"新建工程"选项（图 3-3）。随后会弹出"新建工程设置"窗口（图 3-4），在"类型"下拉菜单中选择所使用的触摸屏型号，"描述"处会显示触摸屏的具体参数，其他设置默认。设置完成后单击"确定"按钮建立新工程。

图 3-3 菜单栏

图 3-4 "新建工程设置"窗口

任务二 HMI 程序设计

打开新建项目，项目主菜单分为五个部分：主控窗口、设备窗口、用户窗口、实时数据库和运行策略（图 3-5）。

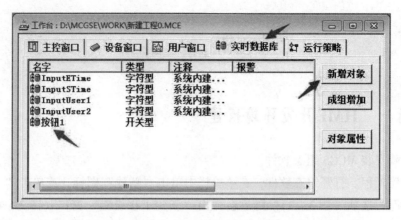

图 3-5　项目主菜单

1. 定义数据对象

在项目主菜单中选择"实时数据库",单击"新增对象"按钮,列表框里就会生成新的数据对象。选择新生成的数据对象,单击"对象属性"即进入数据对象属性编辑框(图 3-6)。在"基本属性"设置页的"对象名称"一栏内输入代表对象名称的字符串;"对象初值"是在触摸屏开机状态下数据对象的值;数据的"对象类型"必须选择正确,不同的数据类型对应栏目设定的初始值、最大值、最小值及工程单位都会不同。同时也可以单击"成组增加"按钮来一次性添加多个数据对象。

图 3-6　对象属性编辑框

2. 创建用户窗口

用户窗口是由用户来定义的、用来构成 MCGS 嵌入版图形界面的窗口(图 3-7)。用户窗口是组成 MCGS 嵌入版图形界面的基本单位,所有的图形界面都是由一个或多个用户

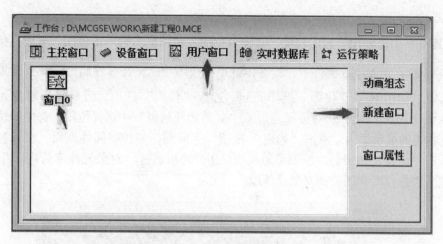

图 3 - 7 用户窗口

窗口组合而成的，它的显示和关闭由各种功能构件（包括动画构件和策略构件）来控制。用户窗口相当于一个"容器"，用来放置图元、图符和动画构件等各种图形对象，通过对图形对象的组态设置，建立与实时数据库的连接，来完成图形界面的设计工作。用户窗口内的图形对象是以"所见即所得"的方式来构造的，也就是说，组态时用户窗口内的图形对象是什么样，运行时就是什么样，同时打印出来的结果也不变。因此，用户窗口除了构成图形界面以外，还可以作为报表中的一页来打印。把用户窗口视区的大小设置成对应纸张的大小，就可以打印出由各种复杂图形组成的报表。

在项目菜单中选择"用户窗口"，单击"新建窗口"按钮，列表框里就会生成新的窗口（图 3 - 8）。选择新生成的窗口，单击"动画组态"即进入窗口编辑页面。同时"工具箱"也会出现在编辑页面上，"工具箱"中包含多种编辑工具，包括图形对象、图元对象、图符对象和动画构件（图 3 - 9）。

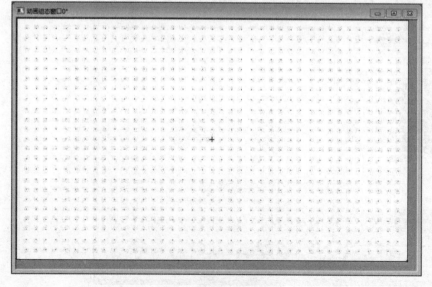

图 3 - 8 新建用户窗口

图 3 - 9 工具箱

3. 插入位图

"工具箱"中图标 ![icon] 表示位图，在窗口中插入位图后右键单击位图，可以直接装载位图（图3-10）；在 MCGS 软件中，标签 ![A] 也有位图功能，在标签属性设置页面里的扩展属性中选中"使用图"，"位图"选项亮起。选择"位图"选项，将显示"对象元件库管理"对话框（图3-11），从对话框左边的"对象元件列表"中选择位图，选中的位图显示在对话框右边的显示框内。单击"确定"按钮，返回到标签扩展属性页面。在标签扩展属性页面单击"确认"按钮后，位图添加成功。用户可以通过"对象元件库管理"中的"装入"按钮，添加位图和图符到对象元件库。

图3-10 用户界面

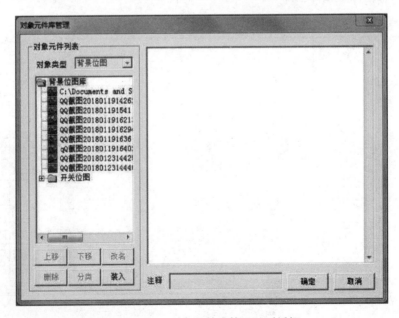

图3-11 "对象元件库管理"对话框

注意加入本位图后本构件所在窗口的所有位图总大小不能超过 2MB，否则位图加载失败，对象元件库中有些图符在模拟环境、屏幕中无法正常下载、运行。

4. 插入字符

在 MCGS 软件中，标签构件除了具有通过文本作为 Tag（标记）的功能之外，还具有输入输出连接（显示输出，按钮输入，按钮动作）、位置动画连接（水平移动、垂直移动、大小变化）、颜色动画连接（填充颜色、边线颜色、字符颜色）、特殊动画连接（可见度、闪烁效果）的功能。其中文本功能是最主要也是最常用的。

标签构件用于显示用户输入的信息，这些信息起到说明或者标识的作用。有两种方式可以对标签进行信息输入：一种是标签刚被拖入窗口时，标签处于激活状态，可以输入信息，按"Enter"键或者鼠标单击窗口其他位置，信息生效；另一种是通过"标签动画组态属性设置窗口"中的扩展属性页面中的文本内容输入框实现。

文本内容可以多行输入，并支持复制、粘贴、剪切等操作。文本内容可以横向、纵向排列，纵向排列时只允许输入单行文本。同时支持文本水平、垂直对齐。

有三种方式可以修改标签信息。第一种，鼠标右击选中标签，在弹出的快捷菜单中选择"改字符"，标签处于激活状态，可以修改信息。第二种，选中标签后，按键盘上的"Esc"键可以清除标签已有信息，使标签重新处于激活的可输入状态。第三种，双击选中的标签，在"标签动画组态属性设置窗口"中的扩展属性页面的文本内容输入框进行信息修改。

5. 插入按钮

"工具箱"中图标 ⬜ 表示标准按钮，标准按钮构件用于实现 Windows 下的按钮功能（图 3-12）。标准按钮构件有抬起与按下两种状态，可分别设置其动作，对应的按钮动作有：执行一个运行策略块、打开关闭指定的用户窗口以及执行特定脚本程序等。标准按钮构件具有可见与不可见两种显示状态，当指定的可见度表达式满足条件时，标准按钮构件将呈现可见状态，否则处于不可见状态。标准按钮构件在可见的状态下，当鼠标移过标准按钮上方时，将变为手状光标，表示可以进行鼠标按键操作。如果此标准按钮构件是轻触型按钮，鼠标经过时，整个按钮将显示出向上凸起的三维效果。鼠标光标移到按钮上面后，光标形状将变为手掌形，此时单击鼠标左键，即可执行所设定的按钮的操作功能。

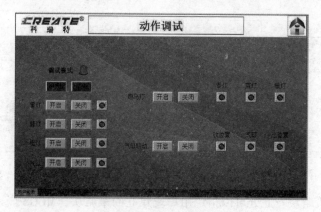

图 3-12　标准按钮构件

组态时用鼠标双击标准按钮构件，弹出构件的属性设置对话框（图3-13），首页是"基本属性"页。

- 状态：初始选择按钮抬起状态，当需要设置按下状态动作时，单击相应的按钮进行设置。
- 文本：设定标准按钮构件上显示的文本内容，可快捷设置两种状态使用相同文本。
- 图形设置：选择按钮背景图案，可选择位图和矢量图两种类型，并设定是否显示图形实际大小。中间的图形是预览效果，预览内容包括：状态、文本及其字体颜色、背景色、背景图形、对齐效果。
- 文本颜色：设定标准按钮构件上显示文字的颜色和字体。
- 边线色：设定标准按钮构件边线的颜色。
- 背景色：设定标准按钮构件文字背景颜色，当选择图形背景时，此设置不起作用。
- 使用相同属性：可选择抬起、按下两种状态是否使用完全相同属性，默认为选中，即当前设置内容同时应用到抬起、按下状态。
- 水平对齐和垂直对齐：指定标准按钮构件上的文字对齐方式，背景图案的对齐方式与标题文字的对齐方式正好相反。
- 文字效果：指定标准按钮构件上的文字显示效果，有平面和立体两种效果可选。
- 按钮类型："3D按钮"是具有三维效果的普通按钮。"轻触按钮"则实现了一种特殊的按钮轻触效果，适于与其他图形元素组合成具有特殊按钮功能的图形。
- 使用蜂鸣器：设置下位机运行时按钮单击是否有蜂鸣声，默认为无。

"操作属性"页（图3-14）是设置标准按钮构件完成指定的功能。用户可以分别设定抬起、按下两种状态下的功能，首先应选中将要设定的状态，然后选择将要设定的功能前面的复选框，进行设置。一个标准按钮构件的一种状态可以同时指定几种功能，运行时构件将逐一执行。

图3-13 构件属性设置对话框

图3-14 "操作属性"页

- 执行运行策略块：此处可以指定用户所建立的策略块，MCGS嵌入版系统固有的三个策略块（启动策略块，循环策略块，退出策略块）不能被标准按钮构件调用。组态时，

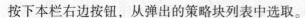

按下本栏右边按钮，从弹出的策略块列表中选取。

- 打开和关闭用户窗口：此处可以设置打开或关闭一个指定的用户窗口。可以在右侧下拉菜单的用户窗口列表中选取。如果指定的用户窗口已经打开，打开窗口操作将使 MCGS 嵌入版简单地把这一窗口弹到最前面；如果指定的用户窗口已经关闭，则关闭窗口操作被 MCGS 嵌入版忽略。

- 打印用户窗口：此处可以设置打印用户窗口，用户可以在右侧下拉菜单的用户窗口列表中选择要打印的窗口。

- 退出运行系统：本操作用于退出当前环境，系统提供退出运行程序、运行环境、操作系统、重启操作系统和关机五种操作。

- 数据对象值操作：本操作一般用于对开关型对象的值进行取反、清 0、置 1 等操作。"按 1 松 0"操作表示鼠标在构件上按下不放时，对应数据对象的值为 1，而松开时，对应数据对象的值为 0；"按 0 松 1"的操作则相反。可以按下输入栏右侧的按钮（"?"），从弹出的数据对象列表中选取。

- 按位操作：用于操作指定的数据对象的指定位（二进制形式），其中被操作的对象即数据对象值操作的对象，要操作的位的位置可以指定变量或数字。

- 清空所有操作：快捷地清空两种状态的所有操作属性设置。

6. 插入指示灯

"工具箱"中图标 表示插入元件，选择后会弹出"对象元件库管理"对话框，里面含有上千个精美的图库元件，在对象元件列表中找到"指示灯"，在右边示意图列表中选择需要的样式，最后单击"确定"按钮（图 3 – 15）。

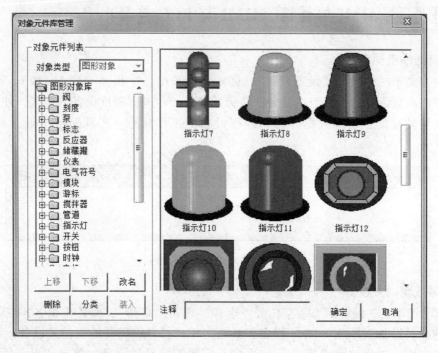

图 3 – 15　在"对象元件库管理"中选择对象

元件会直接插入到窗口页面的左上角，可以直接通过鼠标调整元件大小和位置。选择元件单击鼠标右键，选择"属性"选项，打开"单元属性设置"对话框（图3-16），选择"可见度"一栏，在"数据对象连接"末端会出现 ? 按钮，单击即可进入"变量选择"对话框，在"对象名"列表选择对应的控制变量，最后单击"确认"按钮。

图3-16　"单元属性设置"对话框

任务三　HMI的通信（HMI与PLC控制）

1. 打开设备驱动页面

在项目菜单栏中选择"设备窗口"，进入"设备组态"页面（图3-17）。设备窗口是MCGS嵌入版系统的重要组成部分，负责建立系统与外部硬件设备的连接，使得MCGS嵌入版能从外部设备读取数据并控制外部设备的工作状态，实现对应工业过程的实时监控。

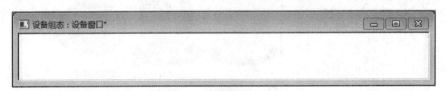

图3-17　"设备组态"页面

2. 插入驱动父设备

鼠标右键单击"设备组态"空白处，选择"设备工具箱"；或者在MCGS主菜单"查看"里选择"设备工具箱"。在"设备工具箱"中选择自己需要的驱动父设备，双击添加到设备组态中。如果"设备工具箱"里没有需要的驱动父设备，单击"设备管理"，在"设备管理"页面内查找驱动设备添加到设备工具箱（图3-18）。

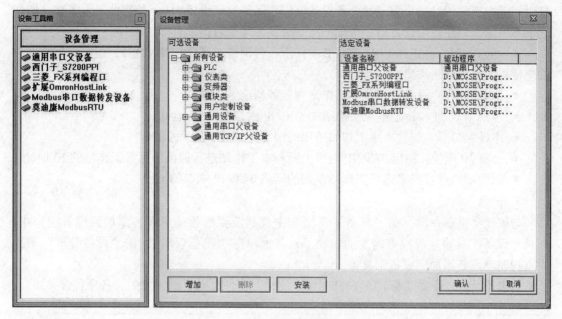

图 3 – 18　"设备管理"

双击父设备打开"通用 TCP/IP 设备属性编辑"页面（图 3 – 19），各项目含义为：

图 3 – 19　驱动父设备属性

● 初始工作状态：指定运行时设备的初始工作状态，如父设备处于停止状态，则父设备下挂接的所有子设备都处于停止状态。

● 最小采集周期：运行时，MCGS 嵌入版对设备进行定时操作的时间周期，单位为 ms。

● 数据采集方式：规定了本父设备下的子设备的采集方式，使用同步采集时，所有子设备都按照父设备的采集周期依次采集。使用异步采集时，每个子设备可以设置自己的采集时间，在需要的时候采集。甚至子设备可以把采集时间设置为 0，使得此子设备在一般情况下不采集，只在使用设备命令采集一次的时候才采集数据。

- 网络类型：可选择 UDP 或 TCP 中任意一种网络（通常使用 UDP），但服务器与客户端应使用同一种网络类型。
- 服务器/客户设置：设置本工作站为服务器或客户端。
- 本地 IP 地址：指定本地工作站在 TCP/IP 网络中的 IP 地址。
- 本地端口号：指定本地工作站使用的网络 TCP/IP 端口的地址。
- 远程 IP 地址：指定 TCP/IP 网络上要和本工作站进行通信的远程工作站的 IP 地址。
- 远程端口号：指定远程工作站使用的网络 TCP/IP 端口的地址。

3. 插入驱动子设备

与驱动父设备一样，在"设备工具箱"中找到需要的驱动子设备添加到设备组态中。如果"设备工具箱"里没有需要的驱动子设备，单击"设备管理"，在"设备管理"页面内查找驱动设备添加到设备工具箱。

双击子设备打开"三菱 FX5_ETHERNET 驱动"属性页面（图 3 - 20），各项目含义如下：

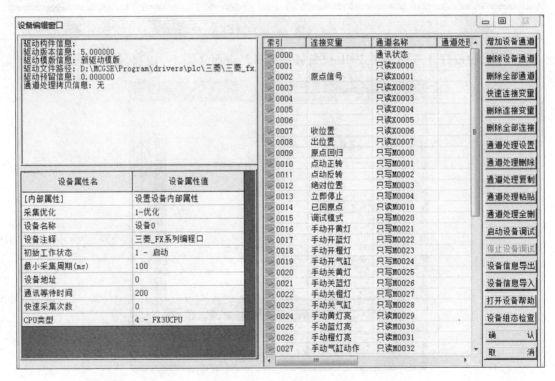

图 3 - 20　驱动子设备页面

- 最小采集周期：设置采集的速度，适当减小设定值可以提高采集数据的实时性，默认设置为 100ms。
- 初始工作状态：用于设置设备的起始工作状态，设置为启动时，在进入 MCGS 嵌入版运行环境时，MCGS 嵌入版即自动开始对设备进行操作，设置为停止时，MCGS 嵌入版不对设备进行操作，但可以用 MCGS 嵌入版的设备操作函数和策略在 MCGS 嵌入版运行环境中启动或停止设备。

● 通讯等待时间：指定驱动发出数据请求后最多等待多长时间返回数据。如果超过指定时间未返回数据，那么驱动判断无数据返回，通信失败。指定该项值小于设备响应时间会导致通信失败。

● 分块采集方式：默认配置为按最大长度分块。该项值主要影响通信采集数据的分块方式。一般设置为0。

4. 增加设备通道

MCGS 嵌入版设备中一般包含有一个或多个用来读取或者输出数据的物理通道，MCGS 嵌入版把这样的物理通道称为设备通道，如：模拟量输入装置的输入通道、模拟量输出装置的输出通道、开关量输入输出装置的输入输出通道等，这些都是设备通道。

设备通道只是数据交换用的通路，而数据输入到哪里和从哪里读取数据以供输出，即进行数据交换的对象，则必须由用户指定和配置。实时数据库是 MCGS 嵌入版的核心，各部分之间的数据交换均须通过实时数据库。因此，所有的设备通道都必须与实时数据库连接。所谓通道连接，即是由用户指定设备通道与数据对象之间的对应关系，这是设备组态的一项重要工作。如不进行通道连接组态，则 MCGS 嵌入版无法对设备进行操作。

在实际应用中，开始可能并不知道系统所采用的硬件设备，可以利用 MCGS 嵌入版系统的设备无关性，先在实时数据库中定义所需要的数据对象，组态完成整个应用系统，在最后的调试阶段，再把所需的硬件设备接上，进行设备窗口的组态，建立设备通道和对应数据对象的连接。

一般来说，设备构件的每个设备通道及其输入或输出数据的类型是由硬件本身决定的，所以连接时，连接的设备通道与对应的数据对象的类型必须匹配，否则连接无效。

单击驱动子设备编辑窗口中的"增加设备通道"功能按钮（图 3-21），在"基本属性设置"里选择连接数据的"通道类型"和"通道地址"。通道类型不同，对应的数据类型和读写方式也不一样。通道个数是可以连续添加多个同类型的通道。

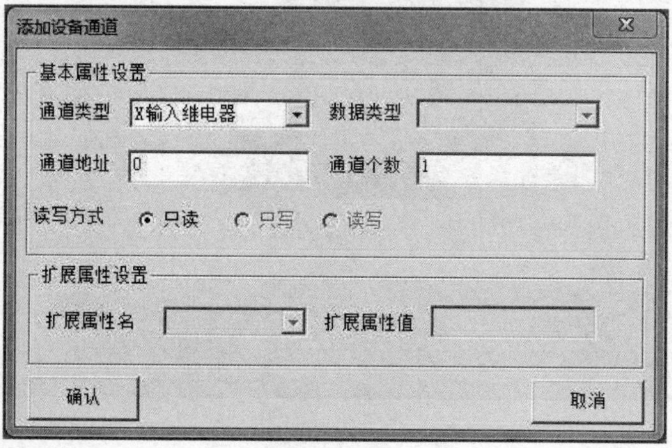

图 3-21　"添加设备通道"对话框

添加设备通道后双击通道的"连接变量",弹出"变量选择"框,从"对象名"中选择对应的变量然后单击"确认",该通道就与内部变量一直连接。

设备通道添加完成后,单击"确认"按钮,HMI通信建立完成。

任务四　MCGS触摸屏的基本使用

1. 任务描述

MCGS是北京昆仑通态自动化软件科技有限公司研发的一套基于Windows平台的、用于快速构造和生成上位机监控系统的组态软件系统,主要完成现场数据的采集与监测、前端数据的处理与控制,可运行于Microsoft Windows各版本操作系统。

在此利用一个简单的案例,学会MCGS屏幕的基本使用,会用到MCGS中的开关类型及数值类型的变量,会制作一个模拟抽水泵的动画演示,学会按钮与一些基本控件的使用,学会基本的脚本程序编写。

2. 实践过程及实际效果

实践过程如图3-22~图3-30所示。实际效果为:当按下触摸屏上的"启动按钮"时,运行状态显示为红色,触摸屏开始演示动画,储存罐内的水位逐渐上升,当按下"停止按钮"时,水位停止上升,运行状态显示为绿色,当按下"放水按钮"时,储存罐内的水位逐渐下降,运行状态显示为黄色。

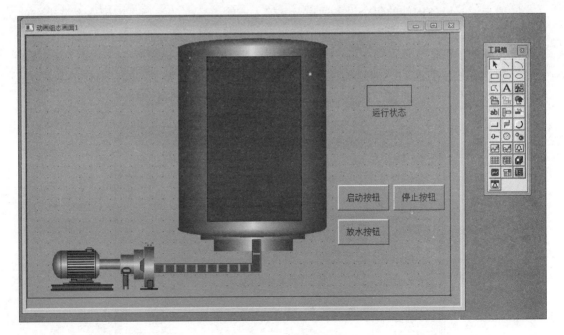

图3-22　任务最终画面

图 3 – 23　设定储存罐动画

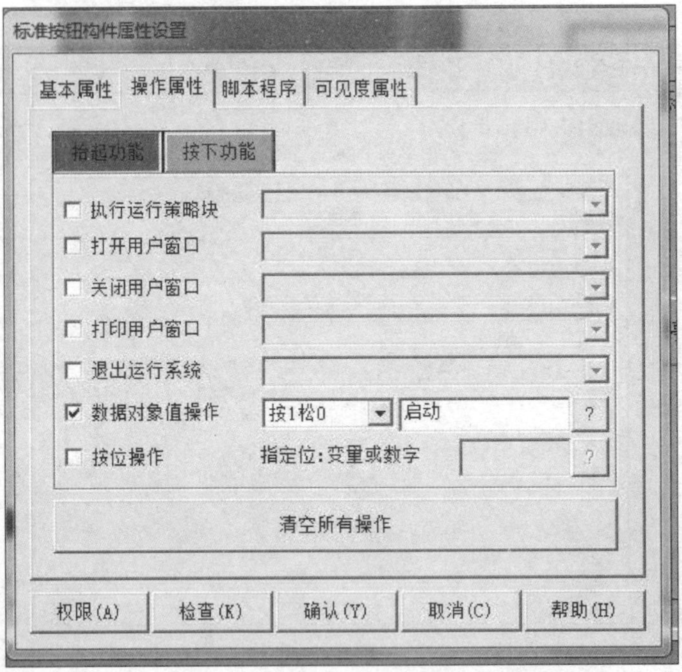

标准按钮构件属性设置

| 基本属性 | 操作属性 | 脚本程序 | 可见度属性 |

拾起功能　按下功能

☐ 执行运行策略块
☐ 打开用户窗口
☐ 关闭用户窗口
☐ 打印用户窗口
☐ 退出运行系统
☑ 数据对象值操作　　按1松0　启动　？
☐ 按位操作　　指定位:变量或数字　？

清空所有操作

| 权限(A) | 检查(K) | 确认(Y) | 取消(C) | 帮助(H) |

图 3 – 24　按钮数据的定义

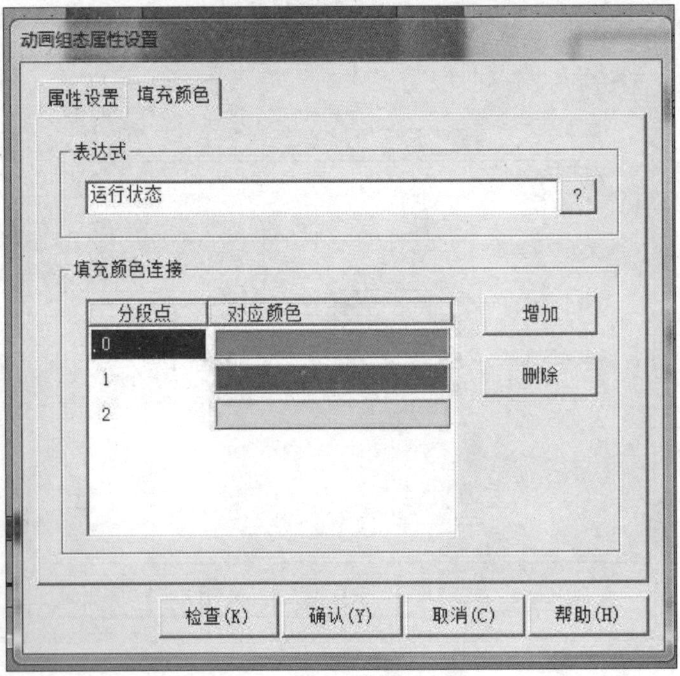

动画组态属性设置

| 属性设置 | 填充颜色 |

表达式

运行状态　？

填充颜色连接

分段点	对应颜色
0	
1	
2	

增加

删除

| 检查(K) | 确认(Y) | 取消(C) | 帮助(H) |

图 3 – 25　状态指示的定义

图3-26 程序脚本的编写

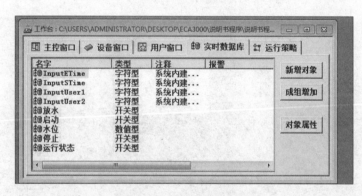

图3-27 数据的添加

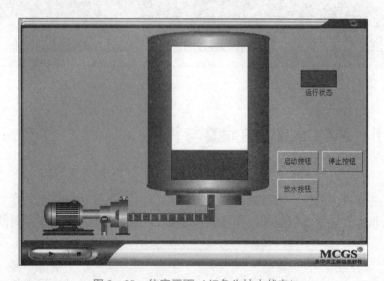

图3-28 仿真画面（红色为抽水状态）

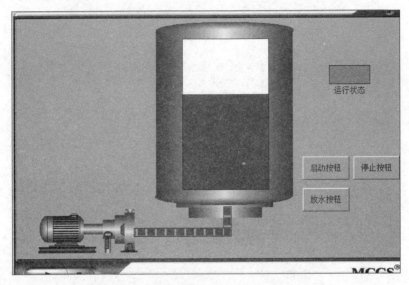

图 3-29　仿真画面（绿色为停止状态）

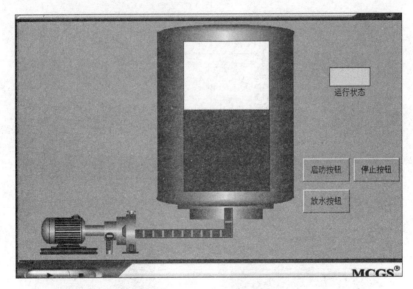

图 3-30　仿真画面（黄色为放水状态）

◎ 任务五　MCGS 报警的设置与使用

1. 任务描述

学习 MCGS 屏幕的应用，本次学习主要目标学会报警的设置与使用，在人机界面的应用中，报警是非常直观地将当前系统出现故障的原因反馈处理，为工程师对故障进行处理提供有效信息。

2. 实践过程及实际效果

实践过程如图 3-31～图 3-37 所示。实际效果为：当按下触摸屏上任意一报警按钮时，触摸屏界面跳转至报警界面，报警界面中的滚动条显示是哪种报警，并记录报警的信息。

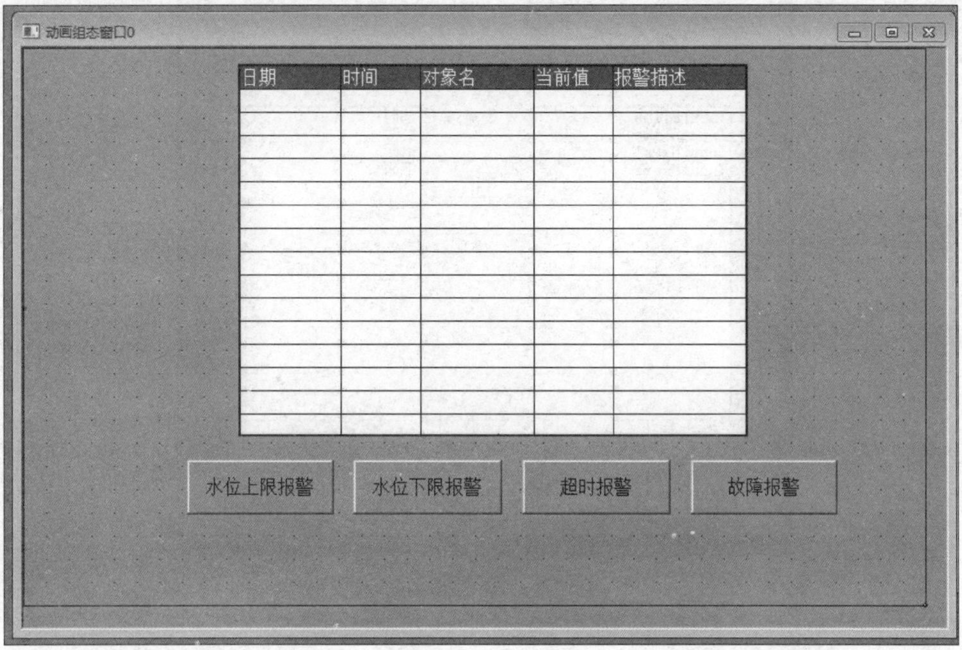

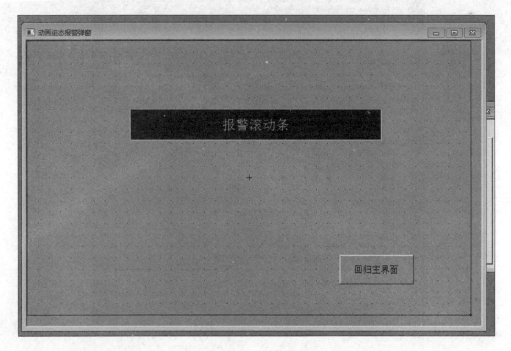

图 3 – 31 主界面

图 3 – 32 报警弹窗

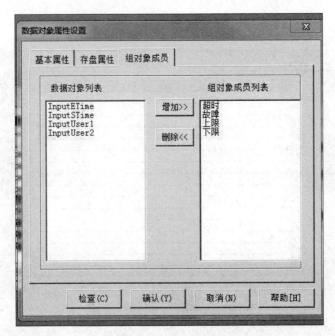

图 3 - 33　报警组的添加

图 3 - 34　报警数据的设定

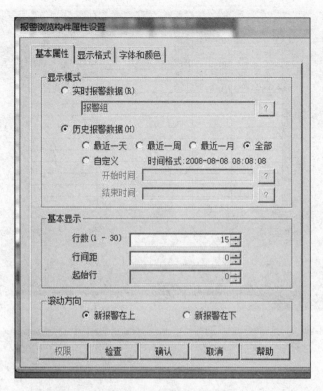

图 3 – 35　报警表的设定

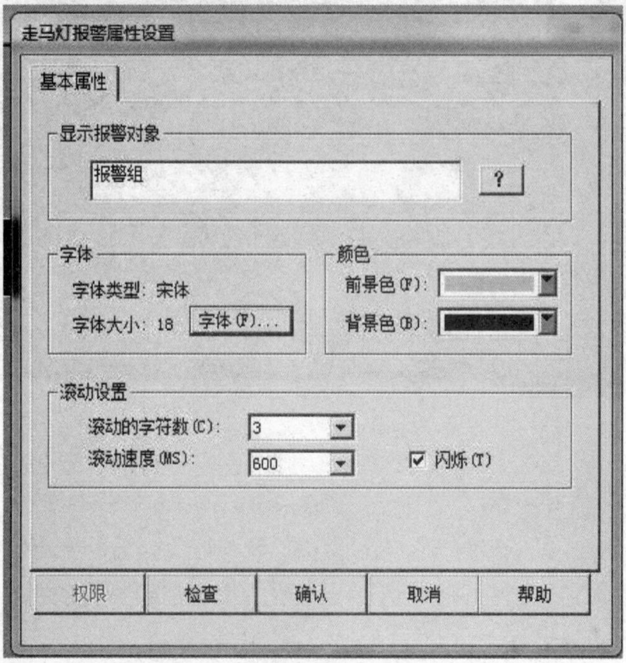

图 3 – 36　报警滚动条的设定

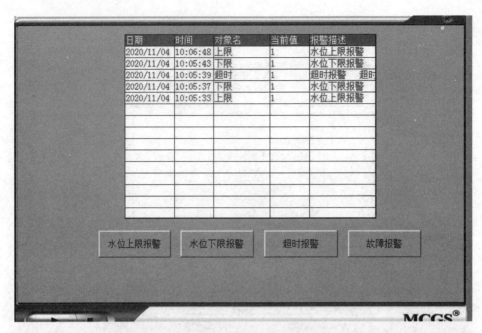

图 3-37　最终效果

项目四

三菱 PLC 认知与应用

4.1　项目描述

本项目主要介绍三菱 PLC 的相关知识，从三菱 PLC 的分类到其硬件结构组成，以及对应编程软件 GX Works2、GX Works3。

4.2　教学目标

熟悉三菱 FX3U 系列 PLC，并能使用三菱 PLC 组成控制系统，学会操作 GX Works2 编程软件，可以使用基本指令进行编程。

4.3　知识准备

4.3.1　认识三菱 PLC

可编程控制器（programmable logic controller，PLC）是以微处理器为核心，综合计算机技术、自动控制技术和通信技术发展起来的一种新型工业自动控制装置。

三菱 PLC（图 1-2）常见的有以下系列：F1/F2 系列是 F 系列的升级产品，早期在我国的销量不小。F1/F2 系列加强了指令系统，增加了特殊功能单元和通信功能，比 F 系列有了更强的控制能力；FX 系列在容量、速度、特殊功能、网络功能等方面都有了全面的加强。FX2 系列是 20 世纪 90 年代开发的整体式高功能小型机，它配有各种通信适配器和特殊功能单元。FX2N 是几年前推出的高功能整体式小型机，它是 FX2 的换代产品，各种功能都有了全面提升。近年来还不断推出满足不同要求的微型 PLC，如 FX0S、FX1S、FX0N、FX1N 等产品；A 系列、QnA 系列、Q 系列具有丰富的网络功能，输入/输出（I/O）点数可达 8192 点。其中 Q 系列具有超小体积、丰富的机型、灵活的安装方式、双 CPU 协同处理、多存储器、远程口令等特点，是三菱公司现有 PLC 中最高性能的 PLC。

4.3.2 三菱 PLC 的硬件结构

三菱 PLC 采用了典型的计算机结构，主要由主机、I/O 扩展接口及外围设备组成。PLC 主机由中央处理器（CPU）、存储器（Memory）、输入/输出（I/O）接口、扩展接口、通信接口和电源等部分组成。

1. 中央处理器（CPU）

CPU 是 PLC 的核心部件，是 PLC 的运算和控制中心，PLC 的工作过程都是在 CPU 的统一指挥和协调下进行的。CPU 由微处理器和控制器组成，可以实现逻辑运算和数学运算，协调控制系统内部各部分的工作。它的运行是按照系统程序所赋予的任务进行的。PLC 大多用 8 位和 16 位微处理器。控制器控制整个微处理器的各部件有条不紊地进行工作，其基本功能就是从内存中读取指令和执行指令。

2. 存储器

PLC 的存储器有保持型存储器、随机存取存储器和存储卡等类型，用于存放 PLC 系统程序、用户程序和运行数据。保持型存储器用于存放 PLC 的系统程序和编好的用于控制运行的用户程序，可长时间存储。随机存取存储器用于存放用户临时程序和数据，存储的内容会因掉电而丢失，存储器卡为扩展与备用存储器，由用户根据需要选配。

3. 输入/输出（I/O）接口

输入/输出接口通常也称 I/O 接口，也称为输入/输出端子，I/O 端子是 PLC 与工业过程控制现场之间的连接部件。PLC 通过输入接口能够得到生产过程的各种参数，并向 PLC 提供开关信号量，经过处理后，变成 CPU 能识别的信号。PLC 通过输出接口将处理结果送给被控对象，以实现对工业现场执行机构的控制目的。由于外部输入设备和输出设备所需的信号电平是多种多样的，而 PLC 内部 CPU 处理的信息只能是标准电平，所以 I/O 接口必须能实现电平转换。

在 I/O 接口电路中一般具有光电隔离和滤波功能，以提高 PLC 的抗干扰能力，实现外部现场的各种信号与系统内部统一信号的匹配和信号的正确传递。另外，I/O 接口上通常还有状态指示灯，直观显示工作状态，便于维护。

4. 扩展接口

扩展接口用来扩展 PLC 的 I/O 端子数。当用户所需要的 I/O 端子数超过 PLC 基本单元的 I/O 端子数时，即主机单元（带 CPU）的 I/O 端子数不能满足 I/O 设备端子数需要时，可通过此接口用扁平电缆线将 I/O 扩展接口（不带有 CPU）与主机单元相连接，以增加 PLC 的 I/O 端子数，适应控制系统的要求。其他很多的智能单元也通过该接口与主机相连，PLC 的扩展能力主要受 CPU 寻址能力和主机驱动能力的限制。

5. 通信接口

PLC 配有各种通信接口，如 RS–232C、RS–422 和 RS–485 等接口，这些通信接口有的需要通信处理器。PLC 通过这些通信接口可与图形监视器、编程器、打印机、写入器、其他 PLC、上位计算机、条形码判读器等设备实现通信。

6. 电源

PLC 的电源是指把外部供应的交流电源经过整流、滤波、稳压处理后转换成满足 PLC 内部的 CPU、存储器和 I/O 接口等电路工作所需的直流电源电路或电源模块。三菱各型号的 PLC 的供电电压有 12V 和 24V 直流，也有 110V 和 220V 交流。

4.3.3　了解三菱 PLC 的编程软件

GX Works3 编程软件支持 FX5U 系列 PLC 的编程。其用户操作界面（图 4-1）由菜单栏、工具栏、编程区、工程参数列表和状态栏等部分组成。

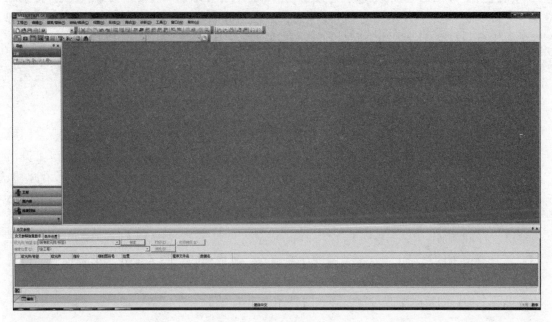

图 4-1　用户操作界面

1. 菜单栏

菜单栏以下拉菜单形式进行操作。菜单栏中包含"工程""编辑""搜索/替换""转换""视图""在线""调试""诊断""工具""窗口"和"帮助"等菜单项，用鼠标或快捷键执行操作。

2. 工具栏

工具栏也称工具条，可以直接单击工具栏上的图标，实现快捷操作。GX Works3 编程环境中有 6 种工具条，包括标准工具条、程序通用工具条、折叠窗口工具条、梯形图工具条、监视状态工具条和过程控制扩展工具条。菜单栏中涉及的各种功能在工具栏中都能找到。

（1）标准工具条：工程的新建、打开、保存、打印、GX Works3 帮助、GX Works3 帮助搜索（图 4-2）。

图 4-2　标准工具条

（2）程序通用工具条：程序的剪切、复制、粘贴、撤销、恢复；软元件搜索、指令搜索、触点线圈搜索；程序的写入、读取、全窗口监视开始、全窗口监视停止、监视开始、监视停止、软元件/缓冲存储器批量监视、当前值更改、转换、转换 + RUN 中写入、全部转换、模拟开始、模拟停止、系统模拟启动；视图的放大、缩小、编辑器与窗口宽度匹配、缩放比例（图 4 - 3）。

图 4 - 3　程序通用工具条

（3）折叠窗口工具条：导航、连接目标、部件选择、输出、进度、搜索/替换、搜索结果、交叉参照、软元件使用一览、软元件分配确认、FB 属性、配置详细信息输入窗口、电源容量和 I/O 点数检查结果、模拟起始 I/O 号关联内容、监看、智能功能模块监视（图 4 -4）。

图 4 -4　折叠窗口工具条

（4）梯形图工具条：包含梯形图编辑所需要使用的常开触点、常开触点 OR、常闭触点、常闭触点 OR、线圈、应用指令、输入横线、输入竖线、删除横线、删除竖线、上升沿脉冲、下降沿脉冲、并联上升沿脉冲、并联下降沿脉冲、非上升沿脉冲、非下降沿脉冲、非并联上升沿脉冲、非并联下降沿脉冲、运算结果上升脉冲化、运算结果下降脉冲化、运算结果反转和插入内嵌 ST 框；软元件/标签注释编辑、声明编辑、注释编辑、声明/注释批量编辑、行间声明一览、登录标签、模板显示、模板参数选择（左）、模板参数选择（右）、选择范围的注释化、选择范围的注释解除；读取模式、写入模式、监视模式、监视（写入模式）、软元件显示、添加参数、删除参数、梯形图暂时更改、撤销更改、应用更改的梯形图、梯形图暂时更改一览、导入文件和导出至文件（图 4 -5）。

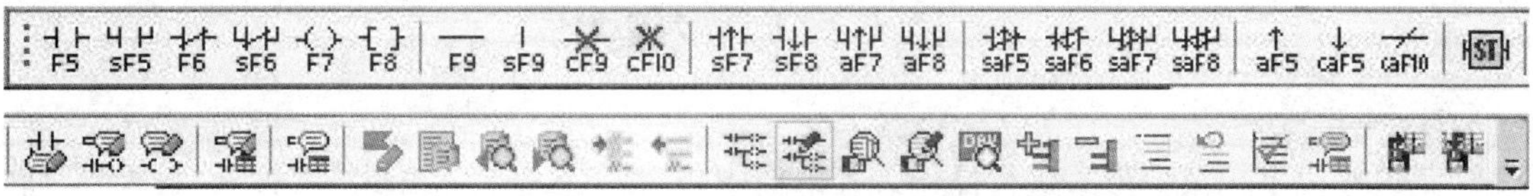

图 4 -5　梯形图工具条

（5）过程控制扩展工具条：包括过程控制扩展设置、标记 FB 设置和导出分配信息数据库文件（图 4 -6）。

图 4 -6　过程控制扩展工具条

3. 编程区

程序操作编辑区，用来显示编程操作的工作对象，可以使用梯形图、指令表等方式进行程序编辑、修改、监控等工作。单击程序工具条中"梯形图与指令表转换"图标 ，可以实现梯形图程序与指令表程序的转换。编程区左右两条线为母线，在程序编辑窗口中是自动生成的，是程序编辑的起始与终止线。

4. 工程参数列表

用来显示程序、编程元件注释、参数、编程元件内存等内容，可以实现这些项目数据的设定。

5. 状态栏

编辑区下部是状态栏，用于显示编程 PLC 类型、软件的应用状态及所处的程序步数等信息。

4.3.4　三菱 PLC 程序开发流程

1. 创建新程序

在计算机双击"GX Works3"快捷方式图标，或者在菜单"开始"→"程序"中选择"MELSOFT"→"GX Works3"命令，启动应用程序，通过选择菜单命令"工程"→"新建"，或者按组合键 Ctrl + N 操作，或者单击标准工具条中的 　图标，弹出"新建"对话框（图 4 - 7），在下拉菜单中选择合适的 PLC 系列和 PLC 机型；然后选择程序语言类型，最后单击"确定"按钮，则可进入梯形图编程环境。

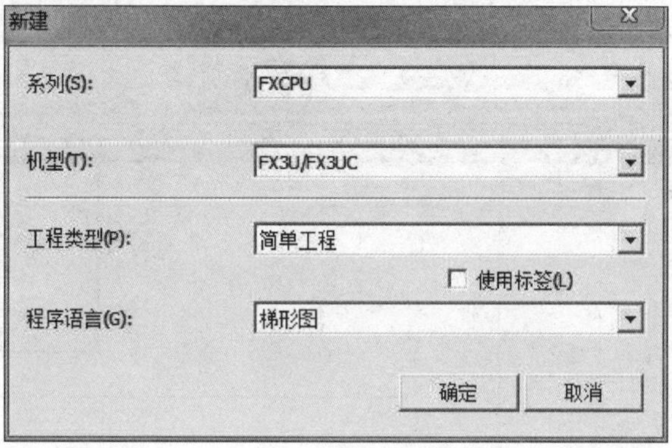

图 4 - 7　新建程序

2. 程序输入

步骤 1：梯形图程序的输入。可以用梯形图标记工具条中的图标按钮来输入，或用"编辑"菜单中的"梯形图符号"子菜单（图 4 - 8）来输入。

运用相应的指令在编程区输入程序段（图 4 - 9）。

步骤 2：元件注释。在"工程参数列表"→"软元件"→"软元件注释"中双击"通用软元件注释"，则显示"软元件注释 COMMENT"页面（图 4 - 10）。可以输入、编辑和修改软元件名所对应的注释，也可以输入、编辑和修改软元件名所对应的电气代号，即对应电气原理图中的元件部件代号。

步骤 3：梯形图程序编辑。可以使用主菜单上的"搜索/替换"和"编辑"菜单，或者在梯形图写入状态下，单击鼠标右键弹出的快捷菜单来完成。编辑梯形图程序时，要处于梯形图写入模式。在"编辑"菜单中，用"读出模式""写入模式"切换梯形图模式。

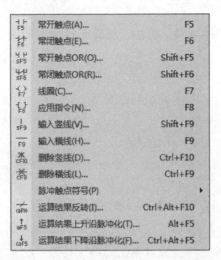

图 4 – 8　基本指令

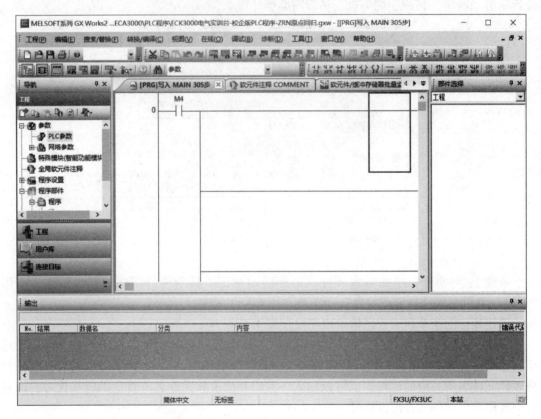

图 4 – 9　编辑程序

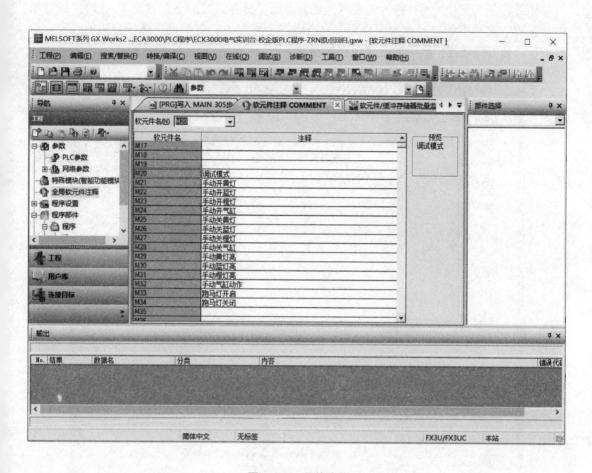

图 4 – 10 元件注释

通过搜索替换菜单，可以找到所要编辑的位置；通过编辑菜单，可进行单行和列的插入或者删除，可进行剪切、复制、粘贴等操作。利用编辑菜单，完成对 TC 设置值的改变等其他可以操作的项目。

步骤 4：梯形图的转换。在梯形图写入模式下，输入完 PLC 程序后，需要将梯形图转换为 PLC 内部格式。未转换时，梯形图背景呈灰色，转换完成时，梯形图背景呈白色。

单击程序工具条中的程序转换图标，或者选择"转换"菜单下的"转换"项，或者按 F4 键完成转换。如果程序有错误或不合法的符号，或存在不能变换的梯形图，则不能完成转换，需修正错误后才能转换。为避免错误累积，方便查错，建议每输入一段程序，就做一次转换。

3. 工程文件保存

程序输入好后，若需要保存，则通过保存工程文件实现。通过单击"工程"菜单中的"保存"，或者按组合键 Ctrl + S，或者单击标准工具条中的 图标，即可保存梯形图文件。

如果另存工程时，没有输入工程名，则会出现"另存为"对话框（图4－11）。或者单击"工程"菜单中的"另存为"命令，也会出现"另存为"对话框，选择合适的路径，设置工程名和工程标题，最后单击"保存"按钮。

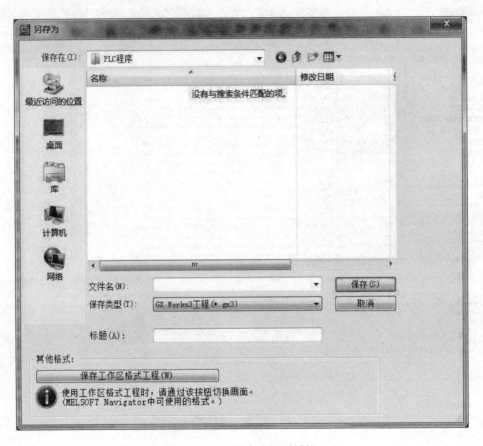

图4－11 "另存为"对话框

4. 程序下载运行

步骤1：将PLC设置为STOP（停止）模式。

步骤2：如果是第一次写入程序，还需要设定连接设置（图4－12），如PLC的通信接口、模块或其他站，可以通过导航栏选择"连接目标"→双击"Connection1"进行设置，先单击"通讯设定"，如通信测试正确，则可以正常下载，如通信测试错误，"弹出指定了无法使用的COM口"，则需要设定为对应的COM口。

步骤3：选择菜单栏中的"在线"→"PLC写入"选项，或者单击标准工具条中的▉▉图标，弹出"在线数据操作"对话框（图4－13），选择要写入的运行内容，最后单击"执行"按钮，选择是否执行写入。

步骤4：程序下载成功后，在运行PLC程序之前，将PLC从STOP（停止）模式切换到RUN（运行）模式。

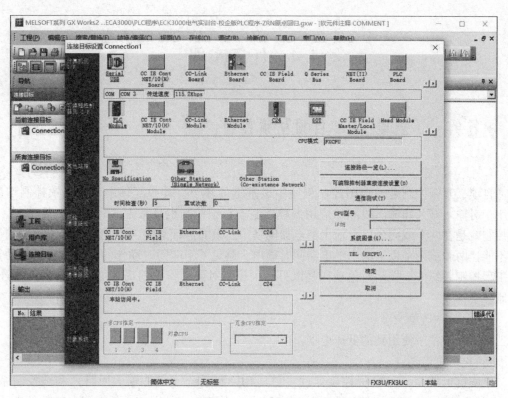

图 4 – 12 连接设置

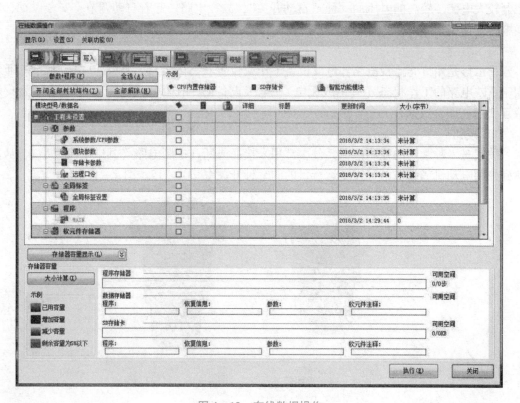

图 4 – 13 在线数据操作

4.4　任务实现

任务一　三菱 PLC 自锁互锁控制

1. 任务描述

自锁、互锁控制是梯形图控制程序中最基本的环节，其中互锁中包含连锁控制情况，常用于对输入开关和输出线圈的应用编程控制。自锁控制也是常说的启 – 保 – 停控制。互锁控制就是在两个或两个以上输出继电器网络中，只能保证其中一个输出继电器接通输出，而不能让两个或两个以上输出继电器同时输出，避免了不能同时动作的控制对象同时动作。在工程控制系统中，控制对象动作是以另一个控制对象动作为前提才能动作的，称为连锁控制。

2. 元器件选型

此次任务中所使用到的低压电器：

1）电磁继电器

电磁继电器是一种电子控制器件，它具有控制系统（又称输入回路）和被控制系统（又称输出回路），通常应用于自动控制电路中，它实际上是用较小的电流、较低的电压去控制较大电流、较高的电压的一种"自动开关"，故在电路中起着自动调节、安全保护、转换电路等作用。

2）指示灯

指示灯是用灯光监视电路和电气设备工作或位置状态的器件（图 4 – 14）。指示灯通常用于反映电路的工作状态（有电或无电）、电气设备的工作状态（运行、停运或试验）和位置状态（闭合或断开）等。

3）按钮

按钮是一种常用的控制电器元件，常用来接通或断开控制电路（其中电流很小），从而达到控制电动机或其他电气设备运行目的的一种开关（图 4 – 15、图 4 – 16）。

图 4 – 14　指示灯
（符号：HL）

图 4 – 15　急停按钮

（1）常开按钮——开关触点断开的按钮。

（2）常闭按钮——开关触点接通的按钮。

（3）常开常闭按钮——开关触点既有接通也有断开的按钮。

按钮是一种人工控制的主令电器。其主要用来发布操作命令，接通或开断控制电路，控制机械与电气设备的运行。

4）主令开关

主令开关是指按照预定程序转换控制电路接线的主令电器，用作控制接触器、继电器线圈及其他控制电路的各种非自动转换装置及磁力主令元件，由运行人员直接操纵，发出命令脉冲，作用到其他机构，以开动或停止机组，改变设备的运行状态（跳闸或合闸）的开关（图 4 – 17）。常用主令开关有两种：按钮开关和控制开关。

图 4 – 16　按钮

图 4 – 17　主令开关

3. 实践过程及实际效果

1）自锁控制

自锁控制示例梯形图如图 4 – 18 所示，X4 闭合使 Y3 得电，随之 Y3 触点闭合，此后即使 X4 触点断开，Y3 仍保持得电，只有当常闭触点 X5 接通时，Y3 才断电，Y3 触点断开。如果要再次启动 Y3，只有重新闭合 X4。程序中，X4 触点为启动触点（对应按钮为 SB2 按钮）；X5 触点为停止触点（对应按钮为 SB3 按钮）；Y3 触点为自锁触点。

图 4 – 18　自锁控制梯形图（三菱 PLC）

实践过程及实际效果：按下按钮盒中的 SB2 按钮则指示灯 HL3 点亮，当按下 SB3 按钮时，HL3 熄灭（图 4 – 19）。

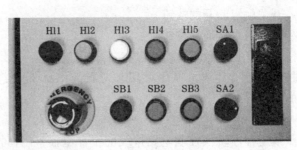

图 4 – 19　实际效果

2）互锁控制

互锁控制示例梯形如图 4 – 20 所示，在输出线圈 Y3 和 Y4 网络中，Y3 和 Y4 的常闭触点分别在对方网络中。只要有一个触点先接通（如 Y3），另一个触点就不能再接通（如 Y4），从而保证任何时候两者都不能同时启动，这样的控制称为互锁控制，常闭触点 Y3 和 Y4 为互锁触点。

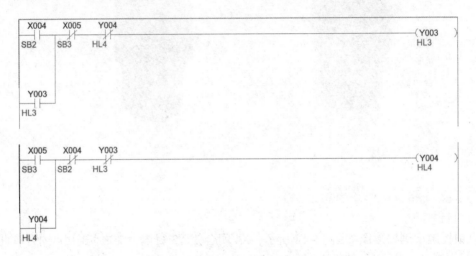

图 4 – 20　互锁控制梯形图（三菱 PLC）

实践过程及实际效果：在 SB2 与 SB3 同时按下时，HL3、HL4 指示灯均不点亮，当只有 SB2 按下时 HL3 点亮，并且在 HL3 点亮的情况下，按下 SB3 不会点亮 HL4，同理在 SB3 按下点亮 HL4 时，按下 SB2 按钮不会点亮 HL3（图 4 – 21）。

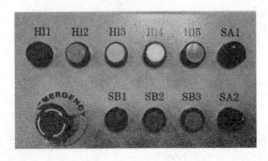

图 4 – 21　实际效果

任务二　三菱 PLC 时间控制

1. 任务描述

在 PLC 控制系统中，时间控制用得非常多，其中大部分用于延时和定时控制。在 PLC 内部有两种类型的定时器和 3 个等级（分别为 1ms、10ms 和 100ms），可以用于时间控制，用户在编程时会感到十分方便。

2. 元器件选型

此次任务实施所运用到的低压元器件：

（1）电磁继电器。

（2）指示灯。

（3）按钮。

（4）时间继电器。

时间继电器是电气控制系统中一个非常重要的元器件，在许多控制系统中，需要使用时间继电器来实现延时控制。时间继电器是一种利用电磁原理或机械动作原理来延迟触点闭合或分断的自动控制电器。其特点是，自吸引线圈得到信号起至触点动作中间有一段延时。时间继电器一般用于以时间为函数的电动机启动过程控制。

时间继电器的接线方法：

（1）控制接线：把它当作直流继电器来考虑。

（2）工作控制：虽然控制电压接上了，但是否起控制作用，由面板上的计时器决定。

（3）功能理解：它就是一个单刀双掷开关，有一个活动点活动臂，就像常见的闸刀开关的活动刀臂一样。

（4）负载接线：电源的零线或负极接用电器的零线或负极端。

（5）工作原理：计时无效期间，相当于平常电灯开关断开状态。有效时，继电器动作，用电器得电工作，相当于平常电灯开关接通状态（图 4－22）。

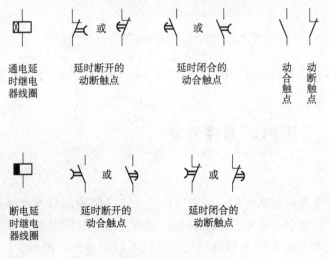

图 4－22　时间继电器工作原理

3. 实践过程及实际效果

1）瞬时接通/延时断开控制

要求在输入信号有效时，马上有输出，而输入信号无效后，输出信号延时一段时间才停止。示例梯形图如图 4－23 所示，当 X4 的状态为 ON 时，输出 Y3 的状态为 ON 并自锁；当 X4 的状态为 OFF 时，定时器 T0 工作 3s 后，定时器常闭触点断开，使输出 Y0 断开。

图 4－23　瞬时接通/延时断开控制（三菱）

实践过程及实际效果：当 SB2 按下时，HL3 瞬间接通点亮，当 SB2 松开时延时 1s 后 HL3 熄灭。

2）延时接通/延时断开控制

要求是输入信号处于 ON 状态后，停一段时间后输出信号才处于 ON 状态；输入信号处于 OFF 状态后，输出信号延时一段时间才处于 OFF 状态。与瞬时接通/延时断开控制相比，该控制程序多加一个输入延时。示例梯形图如图 4－24 所示，T0 延时 2s 作为 Y3 的启动条件，T1 延时 5s 作为 Y3 的断开条件，两个定时器配合使用实现 Y3 的输出。

图 4－24　延时接通/延时断开控制（三菱）

实践过程及实际效果：按下 SB2 按钮持续 1s，HL3 点亮。当松开 SB2 按钮后，1s 后 HL3 指示灯熄灭。

任务三　三菱 PLC 顺序控制

1. 任务描述

顺序控制在工业和控制系统中应用十分广泛。传统的控制器件继电器—接触器只能进行一些简单控制，且整个系统十分笨重庞杂，接线复杂，故障率高，无法实现更复杂的控制。而用 PLC 进行顺序控制则变得很轻松，我们可以用各种不同指令，编写出形式多样、简洁清晰的控制程序。

2. 元器件选型

此次任务实施所运用到的低压元器件：

（1）电磁继电器；

（2）指示灯；

（3）按钮。

3. 实践过程及实际效果

1）用定时器实现顺序控制

示例梯形图如图 4 – 25 所示，当 X0 总启动开关闭合后，Y0 先接通。经过 5 s 后 Y2 接通，同时将 Y1 断开。又经过 5 s Y3 接通，同时将 Y2 断开。再经过 5 s 又将 Y0 接通，同时将 Y3 断开。如此循环往复，实现了顺序启动/停止的控制。用定时器实现顺序控制的实质就是运用定时器的定时与延时功能，将被控对象的启/停在不同时间点上实现。

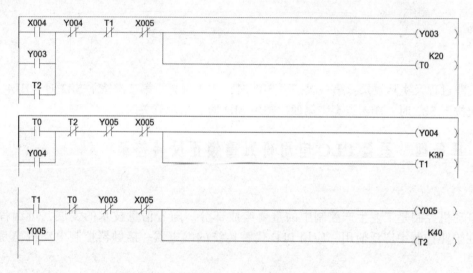

图 4 – 25　定时器实现顺序控制（三菱）

实践过程及实际效果：当 SB2 按下时，HL3 接通 2 s 然后熄灭，HL4 接通 3 s 然后熄灭，HL5 接通 4 s 然后熄灭；当 HL5 熄灭后 HL2 继续点亮形成循环，当按下 SB3 时，指示灯全部熄灭，循环停止，如图 4 – 26 所示。

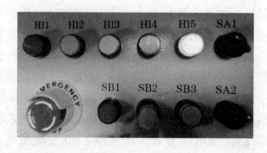

图 4 – 26　实际效果

2）用计数器实现顺序控制

示例梯形图如图 4 - 27 所示，若 D1 值为 4，D1 复位为 0，当 X4 第一次闭合时，D1 加 1，这时进行比较 D1 = K1，则 Y3 为 ON；当 X4 第二次闭合时，D1 再次加 1，这时进行比较 D1 = K2，则 Y4 为 ON；当 X4 第三次闭合时，D1 加 1，这时进行比较 D1 = K3，则 Y5 为 ON。当 X4 在第四次闭合时 D1 = K4，则将 D1 进行赋值等于 0。

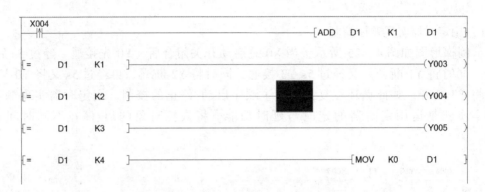

图 4 - 27　计数器实现顺序控制（三菱）

实践过程及实际效果：第一次按下 SB2 时，HL3 点亮；第二次按下 SB2 时，HL4 点亮；第三次按下 SB2 时，HL5 点亮；第四次按下 SB2 时，指示灯关闭。

任务四　三菱 PLC 电动机双重锁正反转控制

1. 任务描述

电动机控制是工业生产控制中的重要组成部分。随着信息技术的发展，可编程序控制器在工业控制中广泛使用，应用 PLC 代替传统的继电器—接触器控制电动机已是必然趋势。

2. 元器件选型

此次任务实施所运用到的低压元器件：

（1）电磁继电器；

（2）指示灯；

（3）按钮。

双重锁就是正、反转启动按钮的常闭触点互相串接在对方的控制回路中，而正反转接触器的常闭触点也是互相串接在对方的控制回路中，从而起到按钮和接触器双重锁的控制作用。如图 4 - 28 所示是正反转继电控制电路图，当按下电动机正转启动按钮 SB2 时，电动机正转启动并连续运转；当按下电动机反转启动按钮 SB3 时，电动机反转启动并连续运转；当按下按钮 SB1 时，电动机停止运转。按钮 SB2、SB3 和接触器 KM0、KM1 的辅助触点分别串接在对方控制回路中，即实现双重锁。当接触器 KM0 通电闭合时，接触器 KM1 不能通电；反之，当接触器 KM1 通电闭合时，接触器 KM0 不能通电；KM0、KM1 的辅助触点还实现自锁、互锁。

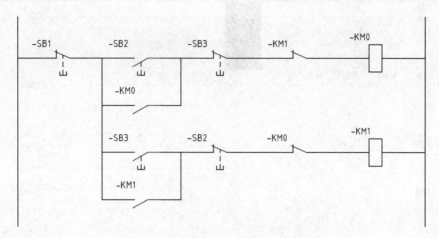

图 4-28 电动机正反转继电控制电路图

确定 I/O 端子数：SB1、SB2、SB3 三个外部按钮是 PLC 输入变量，须接在三个输入端子上，可分配为 X4、X5、M10；输出只有两个继电器 KM0、KM1，它们是 PLC 的输出端需控制的设备，要占用两个输出端子，可分配为 Y3、Y4。故整个系统需要 5 个 I/O 端子：3 个输入端子，2 个输出端子（表 4-1）。

表 4-1 I/O 端子数（三菱）

输入端子	输出端子
SB2—X4	KM0—Y3
SB3—X5	KM1—Y4
SB4—M10	

注意：此处的电机以指示灯模拟。

用于自锁、互锁的那些触点，因为无须占用外部接线端子而由内部"软开关"代替，故不占用 I/O 端子。

3. 实践过程及实际效果

在程序中，X4、X5 和 M10 分别表示停止、正转和反转控制触点，Y3 和 Y4 分别表示电动机正转和反转输出继电器，为了保证正、反转接触器 KM0 和 KM1 不会同时接通，程序中采用按钮互锁（正转 X5 的常闭触点串入反转控制回路，反转 M10 的常闭触点串入正转控制回路）和输出继电器触点互锁（正转输出继电器 Y3 的常闭触点串入反转控制回路，反转输出继电器 Y4 的常闭触点串入正转控制回路），保证 Y3 和 Y4 不会同时接通，属于双互锁保险型（图 4-29）。实际中，接触器通断变化的时间是极短的。如果电动机正转，Y3 及其相连的正转接触器接通；此时按反转按钮 SB3，M10 触点动作使 Y3 断开，Y4 接通，PLC 的输出继电器向外发出通断命令，正转接触器断开其主触点，电弧尚未熄灭时，反转接触器主触点已接通，将造成电源瞬时短路。为了避免这种情况发生，在程序中增加了两个定时器 T0 和 T1，进行正、反转切换时，被切断的接触器是瞬时动作的，而被接通的接触器要延时一段时间才动作，避免了电源瞬时短路。

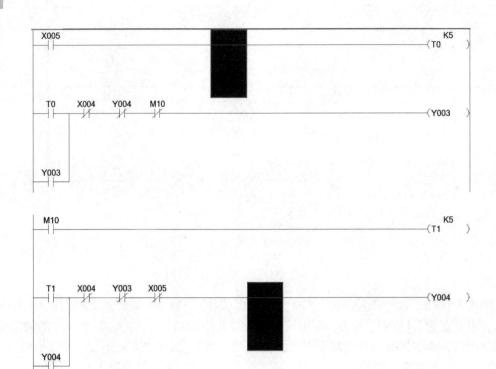

图 4 - 29　电动机正、反转梯形图（三菱）

实践过程及实际效果：按下 SB3 时电机开始正转（HL3 指示灯代替），按下 SB4 时电机开始反转（HL4 指示灯代替），按下 SB2 时电机停止运行（指示灯熄灭）。

任务五　三菱 PLC 流水灯程序设计

1. 任务描述

流水灯程序就是时间控制的一个具体的案例，在这个程序中，将会控制三盏指示灯，点亮一盏然后熄灭，再点亮一盏，依次类推，使这个程序在未按下停止按钮时一直运行；这个程序主要考查自锁、时间的运用、多线圈的问题等知识点的集合。对于初学者来说是较好的入门程序。

用自锁和互锁互相组合判别出两种状态，再根据两种模式，分别运行不同的程序完成不同的控制要求，在单次循环模式下：每个指示灯依次常亮 K10，然后当三盏指示灯分别完成常亮，则程序结束；在循环模式下：在未按下停止按钮时，每个指示灯会循环点亮 K10，直到按下停止按钮，则程序停止运行。注意：在这里运用了三菱 PLC 定时器的 T0 - T199，为 100ms 累积计时，所以 K10 = 1s。

2. 元器件选型

此次任务实施所运用到的低压元器件：

（1）电磁继电器；

（2）指示灯；

（3）按钮。

3. 实践过程及实际效果

任务实现过程参见图 4 – 30 和图 4 – 31。

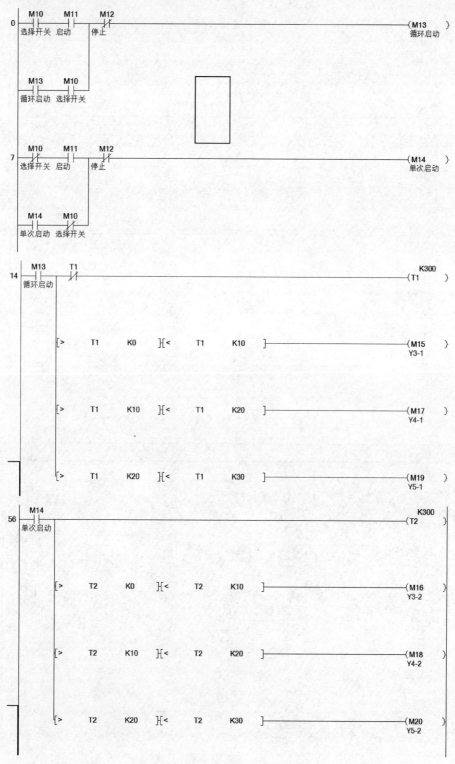

图 4 – 30　流水灯程序梯形图（三菱）

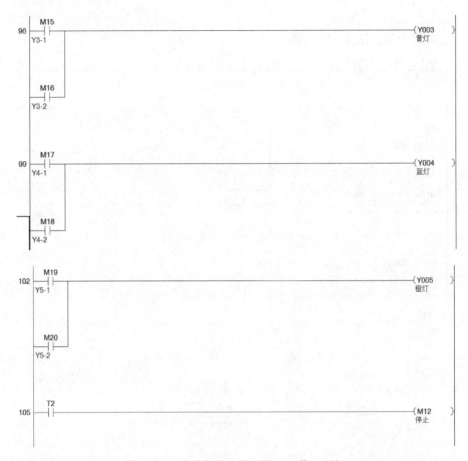

图4-30 流水灯程序梯形图（三菱）（续）

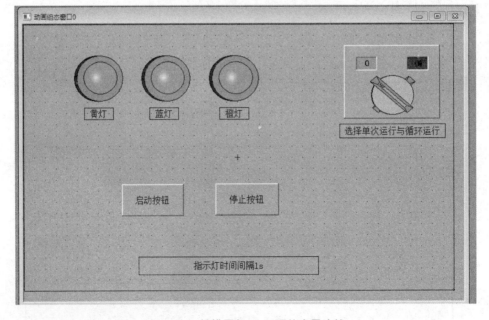

图4-31 触摸屏与PLC通信变量连接

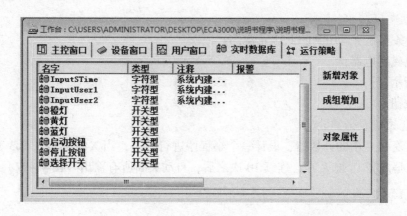

图 4 - 31　触摸屏与 PLC 通信变量连接（续）

实践过程及实际效果：先在触摸屏上选择模式，当选择单次模式时，按下启动按钮，黄绿红指示灯依次点亮 10s 然后熄灭；当选择循环模式时，黄绿红指示灯以 30s 为一个循环，每 10s 点亮一盏指示灯。

任务六　三菱 PLC 计数设计

1. 任务描述

内部计数器是在执行扫描操作时对内部信号（如 X、Y、M、S、T 等）进行计数。内部输入信号的接通和断开时间应比 PLC 的扫描周期稍长。

2. 元器件选型

此次任务实施所运用到的低压元器件：

（1）电磁继电器；

（2）指示灯；

（3）按钮。

3. 实践过程及效果

针对三菱 PLC 中的计数器，设计一个小程序进行学习，当 X4 闭合时，Y3 有输出；Y4 的输出状态是点亮 1s 熄灭 1s，连续 10 次之后，自动关断所有输出（图 4－32）。

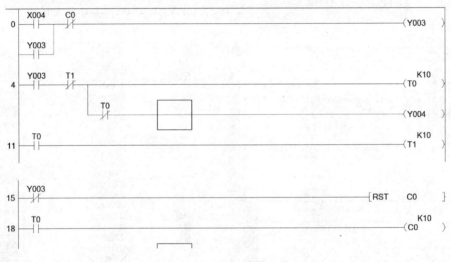

图 4－32　计数器梯形图

实践过程及实际效果：按下 SB2 按钮，HL3 指示灯点亮，HL4 指示灯点亮 1s 熄灭 1s，当 HL4 指示灯循环 10 次之后，HL3、HL4 指示灯均熄灭。

任务七　三菱 PLC 气缸运动控制

1. 任务描述

气缸主要是做往返运动的，所以在工程控制系统中一般运用它作为一个推出物料的机构。气缸的输出力大、适应性强等优点使气缸在工程控制系统中的使用非常常见，所以按照在工程控制系统中气缸的一个基本用法，设计一个程序，通过获取传感器的信号来判断气缸是否需要伸出或缩回，达到一个简单的控制流程。

2. 元器件选型

此次任务实施所运用到的低压元器件：

（1）电磁继电器；

（2）电磁阀。

电磁阀（electromagnetic valve）是用电磁控制的工业设备，是用来控制流体的自动化基础元件，属于执行器，并不限于液压、气动。电磁阀用在工业控制系统中调整介质的方向、流量、速度和其他的参数。电磁阀可以配合不同的电路来实现预期的控制，而控制的精度和灵活性都能够保证。

电磁阀里有密闭的腔，在不同位置开有通孔，每个孔连接不同的油管，腔中间是活塞，两面是两块电磁铁，哪面的磁铁线圈通电阀体就会被吸引到哪边，通过控制阀体的移动来开启或关闭不同的排油孔，而进油孔是常开的，液压油就会进入不同的排油管，然后通过油的压力来推动油缸的活塞，活塞又带动活塞杆，活塞杆带动机械装置。

（3）气缸。

气缸是引导活塞在缸内进行直线往复运动的圆筒形金属机件。空气在发动机气缸中通过膨胀将热能转化为机械能；气体在压缩机气缸中接受活塞压缩而提高压力。

气缸是由缸筒、端盖、活塞、活塞杆和密封件等组成的，其内部结构如图 4 - 33 所示。

图 4 - 33　气缸内部结构

本次任务中使用的是双作用气缸：从活塞两侧交替供气，在一个或两个方向输出力。

（4）对射传感器。

对射式传感器（光电晶体管输出）基于 sep8506 红外发光管、sdp8406 光电三极管和 sdp8106 光电达林顿管。接收器输出由一施密特触发电路缓冲以保证与现行的数字电路匹配。

（5）感应开关。

感应开关包括磁体以及与磁体相对布置的感应线圈，感应线圈的输出端与开关电路的输入端连接，开关电路的输出端串接在电源的输入端上（图 4 - 34）。

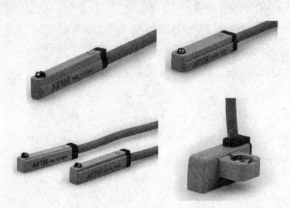

图 4 - 34　感应开关

7.3　实践过程及实际效果

气缸运动控制梯形图如图 4 - 35 所示，在按下启动按钮后，程序开始运行，在对射光电传感器无信号的情况下，气缸置位伸出，当对射光电传感器有信号的情况下，气缸复位缩回；当按下停止按钮后，程序不再执行。程序设计见图 4 - 36。

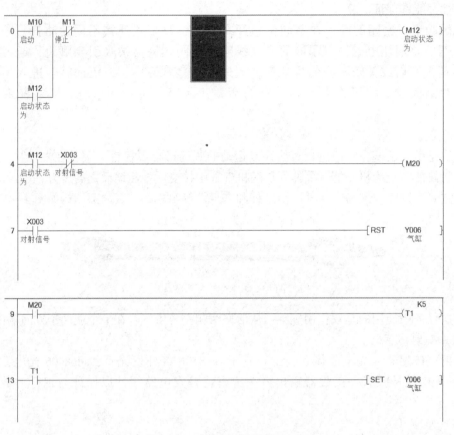

图 4 – 35　气缸运动控制梯形图

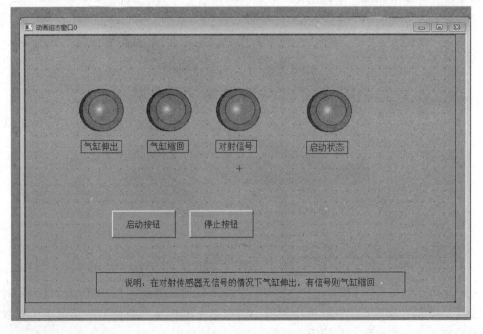

图 4 – 36　气缸运动控制程序设计

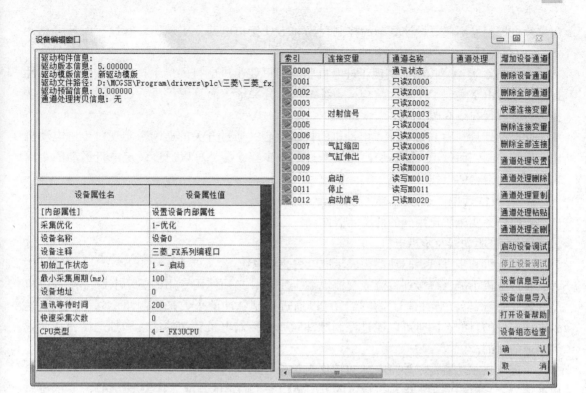

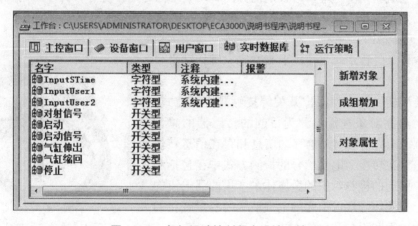

图 4-36　气缸运动控制程序设计（续）

　　实践过程及实际效果：按下触摸屏上的启动按钮，启动状态指示灯点亮，当对射传感器检测到信号时，气缸伸出；气缸伸出、缩回指示灯分别显示当前气缸的状态；当对射传感器未检测到信号时气缸缩回。

🌀 任务八　三菱 PLC 步进电机控制

1. 任务描述

　　步进电机具有快速启停、精确步进和定位等特点，所以常用作工业过程控制及仪器仪表的控制元件。目前比较典型的控制方法是用单片机产生脉冲序列来控制步进电机。但采用单片机控制，不仅要设计复杂的控制程序和 I/O 接口电路，实现比较麻烦，而且可靠性不高。

使用 PLC 可编程控制器实现步进电机驱动，可使步进电机的抗干扰能力增强，可靠性提高，同时由于实现了模块化结构，系统结构十分灵活，而且编程语言简短易学，便于掌握，可以进行在线修改。

此次设计是利用 PLC 做步进电动机的控制核心，通过开关的通断来实现对步进电动机正、反转控制，而且正、反转切换无须经过停车步骤，另外可以通过设定电机运动的距离来控制移动滑台的位移。

2. 元器件选型

此次任务实施所运用到的低压元器件：

1）步进驱动器及步进电机

步进电机和步进电机驱动器构成步进电机驱动系统。

步进电机不能直接接到直流或交流电源上工作，必须使用专用的驱动电源（步进电机驱动器）。控制器（脉冲信号发生器）可以通过控制脉冲的个数来控制角位移量，从而达到准确定位的目的；同时可以通过控制脉冲频率来控制电机转动的速度和加速度，从而达到调速的目的。

步进电机驱动器是一种将电脉冲转化为角位移的执行机构。当步进驱动器接收到一个脉冲信号，它就驱动步进电机按设定的方向转动一个固定的角度（称为步距角），它的旋转是以固定的角度一步一步运行的。

2）接近传感器

在此次任务过程中，由传感器来判定一维移动平台现在处于什么状态。

接近传感器，是代替限位开关等接触式检测方式，以无须接触检测对象进行检测为目的的传感器的总称（图 4 - 37）。能将检测对象的移动信息和存在信息转换为电气信号。在转换为电气信号的检测方式中，包括利用电磁感应引起的检测对象的金属体中产生的涡电流的方式、捕捉检测体的接近引起的电气信号的容量变化的方式、利用磁石和引导开关的方式。

图 4 - 37　接近传感器

3）一维运动平台

一维运动平台由步进电机驱动，实现直线运动（图 4 - 38）。主要用来学习 PLC 中的运动控制。

3. 实践过程及实际效果

步进电机控制程序设计如图 4 - 39 所示。

（1）步进电机的点动正反转控制，如图 4 - 40 所示，有两个按钮分别为正转与反转，在按下点动正转按钮时，利用三菱 PLC 专门的电机控制指令 DDRVI 设定频率与脉冲，当松开点动正转按钮时，点动正转结束被置位导致点动正转中的断开，程序结束，电机停止。

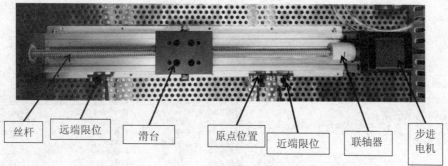

图 4 – 38　一维运动平台

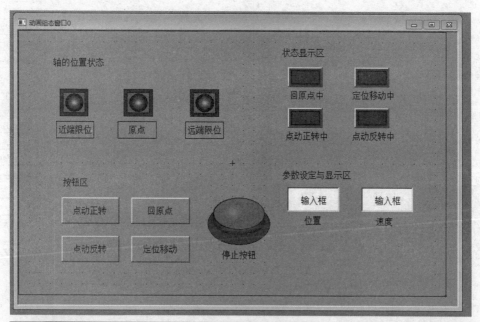

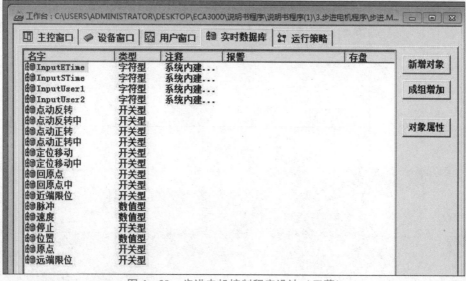

图 4 – 39　步进电机控制程序设计（三菱）

图 4 – 39　步进电机控制程序设计（三菱）（续）

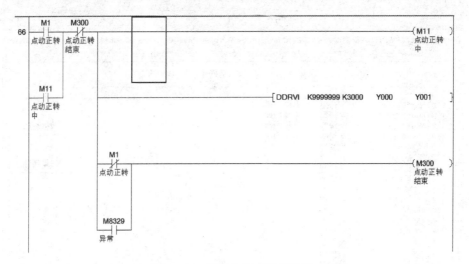

图 4 – 40　步进电机点动梯形图

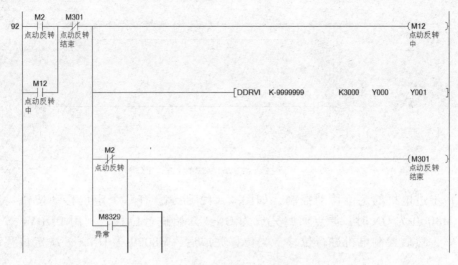

图 4-40 步进电机点动梯形图（续）

（2）步进电机的回原点控制，如图 4-41 所示，有一个回原点按钮，当按下时将原点回归复位，保持回原点中，然后依靠 ZRN 指令设定回原点的频率与脉冲和原点信号，当回到原点即 X001 为真时，回原点结束，同时原点回归完成指示灯常亮。

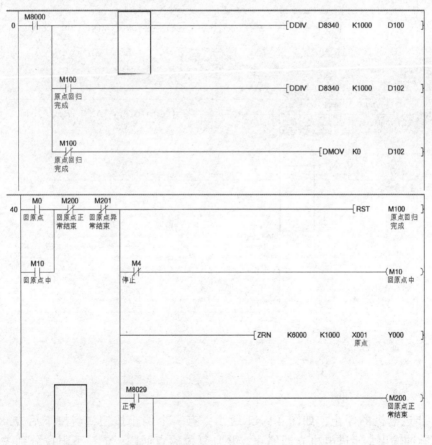

图 4-41 步进电机回原点梯形图

图 4 – 41　步进电机回原点梯形图（续）

（3）步进电机的定位移动控制，如图 4 – 42 所示，有一个定位移动按钮，当按下时并且 M8000 为 ON 时，原点回归完成为 ON，开始进行位移，利用 DDRVI 指令设定脉冲频率，然后控制电机进行位移，当位移完成后，M8029 为 ON，一次定位移动执行完成。

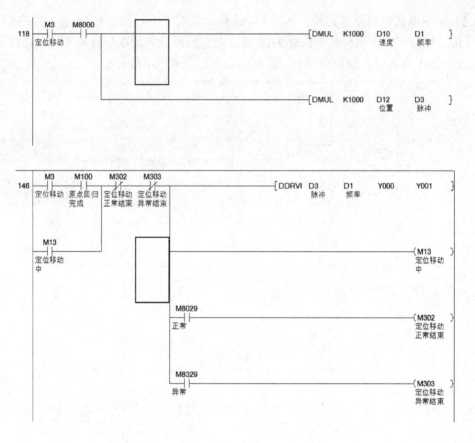

图 4 – 42　步进电机定位移动梯形图

（4）步进电机的停止，如图 4 – 43 所示，有一个停止按钮，当按下后 M3849 置位，PLC 停止脉冲输出，步进电机立即停止；并且复位原点回归。上、下限位分别关联 M3844 和 M3843 当限位传感器有效时，电机立即停止。

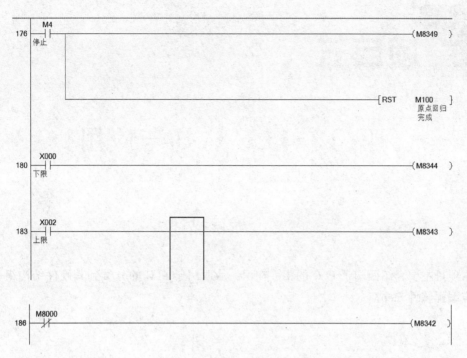

图 4 - 43 步进电机停止梯形图

实践过程及实际效果：当按下点动正转按钮时，步进电机带动丝杆和滑台向右移动，当按下点动反转按钮时，步进电机带动丝杆和滑台向左移动，当按下回原点按钮时，电机自动向原点靠近，由原点传感器判断电机是否回到原点；当电机进行定位移动时，设定速度、距离，再按下按钮使电机运动到所设定的位置。

项目五

西门子 PLC 认知与应用

5.1　项目描述

本项目主要介绍西门子 PLC 的相关知识，从西门子 PLC 的分类到其硬件结构组成，以及对应编程软件 Step7。

5.2　教学目标

熟悉西门子 1200 系列 PLC，并能使用西门子 PLC 组成控制系统，学会操作 Step7 编程软件，可以使用基本指令进行编程。

5.3　知识准备

5.3.1　认识西门子 PLC

德国西门子（SIEMENS）公司生产的可编程序控制器在我国的应用也相当广泛，在冶金、化工、印刷等领域都有应用（图 5 − 1）。

图 5 − 1　西门子 PLC

西门子 PLC 产品包括 LOGO、S7 - 200、S7 - 1200、S7 - 300、S7 - 400、S7 - 1500 等。西门子 S7 系列 PLC 体积小、速度快、标准化，具有网络通信能力，功能更强，可靠性更高。S7 系列 PLC 产品可分为微型 PLC（如 S7 - 200）、小规模性能要求的 PLC（如 S7 - 300）和中高性能要求的 PLC（如 S7 - 400）等。

SIMATIC S7 - 1200 小型可编程控制器充分满足于中小型自动化的系统需求。在研发过程中充分考虑了系统、控制器、人机界面和软件的无缝整合以及高效协调的需求。

5.3.2　西门子 PLC 的硬件结构

西门子产品 S7 - 1200 主要由 CPU 模块、信号板、信号模块、通信模块和编程软件组成，各种模块安装在标准导轨上。S7 - 1200 的硬件组成具有高度的灵活性，用户可以根据自身需求确定 PLC 的结构，系统扩展十分方便。

1. 中央处理器（CPU）

S7 - 1200 的 CPU 模块将微处理器、电源、数字量输入/输出电路、模拟量输入/输出电路、PROFINET 以太网接口、高速运动控制功能组合到一个设计紧凑的外壳中。每块 CPU 内可以安装一块信号板，安装以后不会改变 CPU 的外形和体积。

微处理器相当于人的大脑和心脏，它不断地采集输入信号，执行用户程序，刷新系统的输出，存储器用来储存程序和数据。

S7 - 1200 集成的 PROFINET 接口用于与编程计算机、人机界面、其他 PLC 或其他设备通信。此外它还通过开放的以太网协议支持与第三方设备的通信。

2. 信号模块

输入（Input）模块和输出（Output）模块简称为 I/O 模块，数字量（又称为开关量）输入模块和数字量输出模块简称为 DI 模块和 DO 模块，模拟量输入模块和模拟量输出模块简称为 AI 模块和 AO 模块，它们统称为信号模块，简称为 SM。

信号模块安装在 CPU 模块的右边，扩展能力最强的 CPU 可以扩展 8 个信号模块，以增加数字量和模拟量输入、输出点。

信号模块是系统的眼、耳、手、脚，是联系外部现场设备和 CPU 的桥梁。输入模块用来接收和采集输入信号，数字量输入模块用来接收从按钮、选择开关、数字拨码开关、限位开关、接近开关、光电开关、压力继电器等传来的数字量输入信号。模拟量输入模块用来接收电位器、测速发电机和各种变送器提供的连续变化的模拟量电流、电压信号，或者直接接收热电阻、热电偶提供的温度信号。

数字量输出模块用来控制接触器、电磁阀、电磁铁、指示灯、数字显示装置和报警装置等输出设备，模拟量输出模块用来控制电动调节阀、变频器等执行器。

CPU 模块内部的工作电压一般是 5V DC，而 PLC 的外部输入/输出信号电压一般较高，例如 24V DC 或 220V AC。从外部引入的尖峰电压和干扰噪声可能损坏 CPU 中的元器件，或使 PLC 不能正常工作。在信号模块中，用光耦合器、光敏晶闸管、小型继电器等器件来隔离 PLC 的内部电路和外部的输入、输出电路。信号模块除了传递信号外，还有电平转换与隔离的作用。

3. 通信模块

通信模块安装在 CPU 模块的左边，最多可以添加 3 块通信模块，可以使用点对点通信模块、PROFIBUS 模块、工业远程通信模块、AS – i 接口模块和 IO – Link 模块。

4. SIMATIC HMI 精简系列面板

与 S7 – 1200 配套的第二代精简面板的 64K 色高分辨率宽屏显示器的尺寸有 4.3in（1in = 2.54cm）、7in、9in 和 12in 4 种，支持垂直安装，用 TIA 博途中的 WinCC 组态。它们有一个 RS – 422/RS – 485 接口或一个 RJ45 以太网接口，还有一个 USB 2.0 接口。USB 接口可连接键盘、鼠标或条形码扫描仪，可用优盘实现数据记录。

5. 编程软件

TIA 是 totally integrated automation（全集成自动化）的简称，TIA 博途（TIA Portal）是西门子自动化的全新工程设计软件平台。S7 – 1200 用 TIA 博途中的 STEP 7 Basic（基本版）或 STEP 7 Professional（专业版）编程。

5.3.3 了解西门子 PLC 的编程软件

TIA 博途是全集成自动化软件 TIA Portal 的简称，是西门子工业自动化集团发布的一款全新的全集成自动化软件。它是业内首个采用统一的工程组态和软件项目环境的自动化软件，几乎适用于所有自动化任务。借助该全新的工程技术软件平台，用户能够快速、直观地开发和调试自动化系统。

打开软件进入 Portal 视图页面，按照页面中的方式可以创建新项目或者打开现有项目（图 5 – 1）。

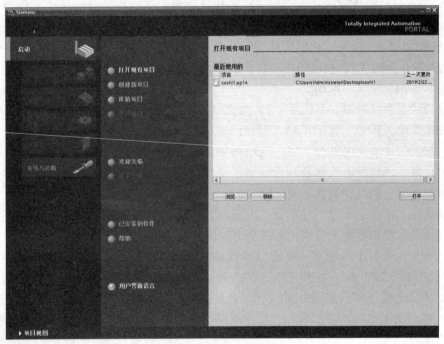

图 5 – 2　PORTAL 视图

打开项目后进入项目视图页面，操作界面类似于 Windows 的资源管理器，功能比 Portal 视图强，操作内容更加丰富，因而大多数用户都选择在项目视图模式下进行硬件组态、编程、可视化监控画面系统设计、仿真调试、在线监控等操作。项目视图页面主要包括项目树、菜单栏、工具栏、工作区和选件区（图 5 - 3）。

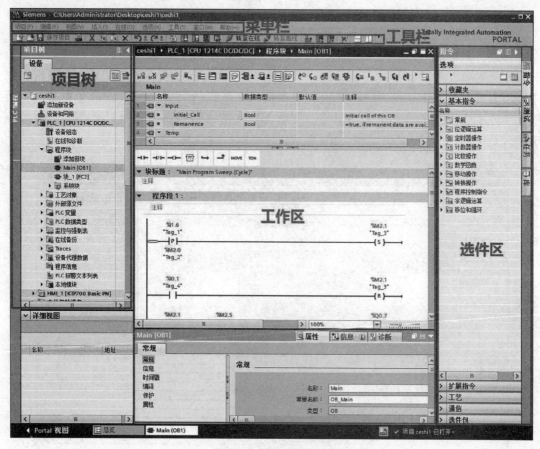

图 5 - 3　项目视图页面

1. 项目树

项目树也称项目浏览器，可以用项目树访问所有的设备和项目数据，添加新的设备，编辑已有的设备，打开处理项目数据的编辑器。

2. 菜单栏

菜单栏以下拉菜单形式进行操作。菜单栏中包含"项目""编辑""视图""插入""在线""选项""工具""窗口"和"帮助"等菜单项，用鼠标或快捷键执行操作。

3. 工具栏

工具栏也称工具条，可以直接单击工具栏上的图标，实现快捷操作（图 5 - 4）。包括：新建项目、打开项目、保存项目、打印、剪切、复制、粘贴、删除、撤销、重做、查找；下载到设备、从设备上传、仿真、在 PC 上运行、转到在线、转到离线、可访问的设备、启动 CPU、停止 CPU、交叉引用、水平拆分、垂直拆分。

图5-4 工具栏

4. 工作区

为进行编辑而打开的对象将显示在工作区内，包括编辑器、视图还有表格；可以打开若干个对象，但通常每次在工作区中只能看到其中一个对象（图5-5）。在编辑器栏中，所有其他对象均显示为选项卡。如果在执行某些任务时要同时查看两个对象，则可以水平或垂直方式平铺工作区，或浮动停靠工作区的元素。如果没有打开任何对象，则工作区是空的。

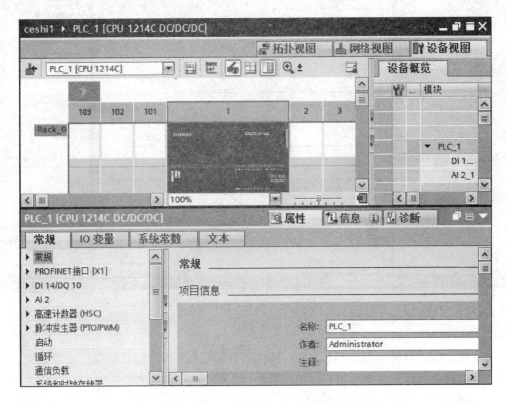

图5-5 工作区

5. 选件区

根据所编辑对象或所选对象，提供了用于执行附加操作的任务卡。这些操作包括：从库中或者从硬件目录中选择对象、在项目中搜索和替换对象、将预定义的对象拖入工作区，在屏幕右侧的条形栏中可以找到可用的任务卡，可以随时折叠和重新打开这些任务卡（图5-6）。哪些任务卡可用取决于所安装的产品。比较复杂的任务卡会划分为多个窗格，这些窗格也可以折叠和重新打开。

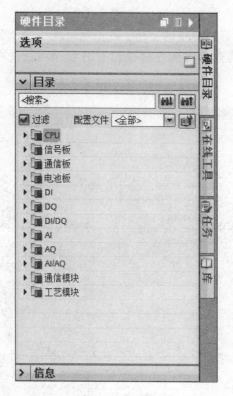

图 5 - 6　选件区

5.3.4　西门子 PLC 程序开发流程

1. 创建新程序

在计算机双击 "TIA Portal V14" 快捷方式图标，或者在菜单 "开始" → "程序" 中选择 "TIA Portal V14" 命令，启动应用程序，在 Portal 视图页面中单击 "创建新项目"，页面右侧会显示创建页面（图 5 - 7），填写项目名称、输入文件保存路径、填写作者名称和程序文件注释；然后单击 "创建" 按钮，则开始创建项目。

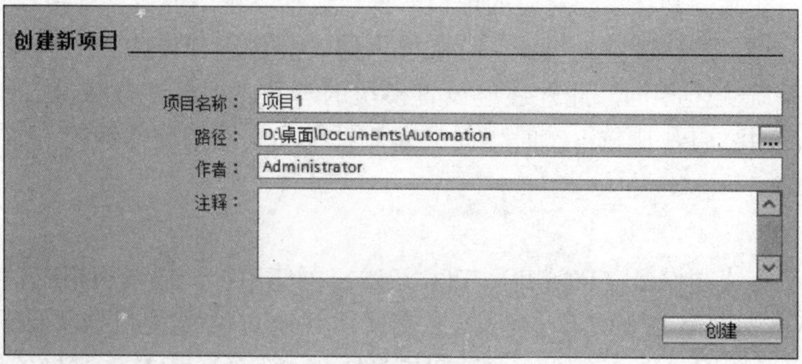

图 5 - 7　创建新项目

2. 添加新设备

新项目创建完成后打开项目视图页面，双击项目树中的"添加新设备"功能，打开"添加新设备"对话框；在对话框的控制器和HMI目录中，选中要添加的设备后，单击"确定"按钮（图5-8）。

图5-8　添加新设备

3. 设备组态

PLC中"Configuring"一般被翻译为"组态"。设备组态的任务就是在设备和网络编辑器中生成一个与实际的硬件系统对应的虚拟系统，包括系统中的设备（PLC和HMI）、PLC各模块的型号、订货号和版本（图5-9）。模块的安装位置和设备之间的通信连接，都应与实际的硬件系统完全相同。此外还应设置模块的参数，即给参数赋值，或称为参数化。自动化系统启动时，CPU比较组态时生成的虚拟系统和实际的硬件系统，如果不一致，将采取相应的措施。

4. 组态网络

各种计算机和终端设备（PC、PG、PLC、AS）可使用物理接线和相应软件通过网络连接到接口模块上，网络设备之间进行数据交换，并通过电缆接线或无线网络方式（如WLAN）进行设备联网（图5-10）。子网是网络的一部分，其参数须与各设备进行同步（如通过PROFIBUS）。子网中包括总线组件和所有连接的设备。各个子网也可通过网关进

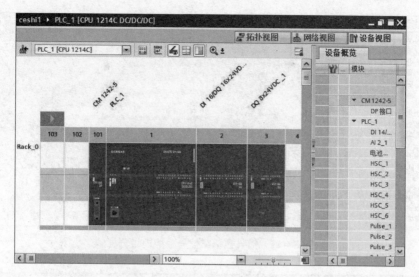

图 5 - 9　设备组态

行连接，形成一个网络。在实际应用中，"子网"和"网络设备"通常可以混用。组态网络时必须执行以下步骤：先将设备连接到子网；为每个子网指定属性/参数；为每个联网模块指定设备属性；将组态数据下载到设备以给接口提供网络组态所生成的设置；保存网络组态。

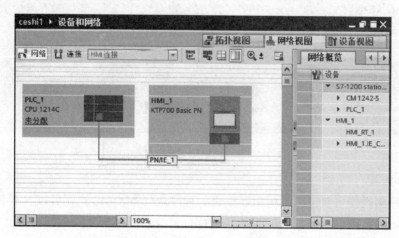

图 5 - 10　网络和设备

5. 项目参数设定

（1）信号模板与信号板的地址分配：打开 PLC 的设备视图，选中工作区中的 CPU，在工作区下面的"设备概览"区，可以更改 CPU 集成的 I/O 模块和信号模块的字节地址（图 5 - 11）。

（2）设备 IP 地址分配：选中要设置参数的设备，双击选择"组态设备"，在"属性"里的"常规"栏里选择"PROFINET 接口"下方的"以太网地址"，写入要设定的 IP 地址和设备名称（图 5 - 12）。

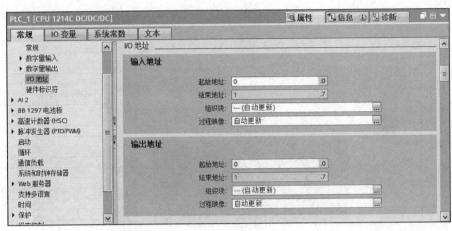

图 5-11　信号模板与信号板的地址分配

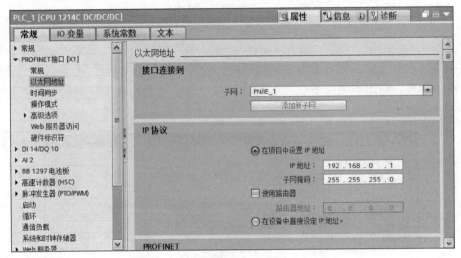

图 5-12　设备 IP 地址分配

6. PLC 编程

（1）程序编辑器：双击项目树中要编辑的程序块（如 OB1），就可以打开程序编辑器；单击"添加新块"则可以添加新的组织块（OB）、函数块（FB）、函数（FC）以及数据块（DB）（图 5-13）。

（2）编程工具栏：图 5-14 所示图标含义为插入程序段、删除程序段、插入行、删除行、复位启动值、扩展模式、打开所有程序段、关闭所有程序段、启用/禁用自由格式的注释、绝对/符号操作数、显示变量信息、启用/禁用程序段注释、在编辑器中显示收藏、转到上一个错误、转到下一个错误、返回读/写访问、转至读/写访问、更新不一致的块调用、导航到特定行、注释掉所选代码行、取消所选代码行的注释、转到下一个书签、转到上一个书签、详细比较、启用/禁用监视、激活储存器预留。

（3）符号编辑器：双击项目树窗口中的 PLC 变量的"显示所有变量"项目，就进入符号编辑器（图 5-15）。编写 PLC 程序之前先创建变量有利于程序的阅读、分析和修改。

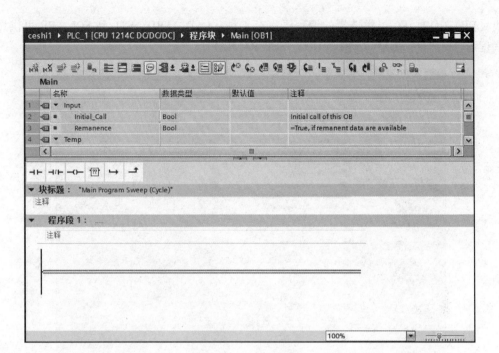

图 5 – 13　程序编辑器

图 5 – 14　编程工具栏

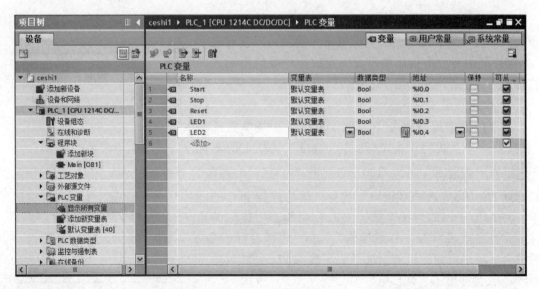

图 5 – 15　符号编辑器

（4）程序块：项目中默认只有一个用户程序块 OB1，要添加程序块，需要在项目树的程序块中双击"添加新块"，然后选择块的名称、块的类型、块的编号及编程语言（图 5 – 16）。可供选择的块的类型有 4 种：组织块（OB）、函数块（FB）、函数（FC）、数据块（DB）；OB、FC 可供选择的编程语言有 4 种：LAD、FBD、STL 和 SCL；FB 可供选择的编程语言有 5 种：LAD、FBD、STL、SCL 和 FRAPH。

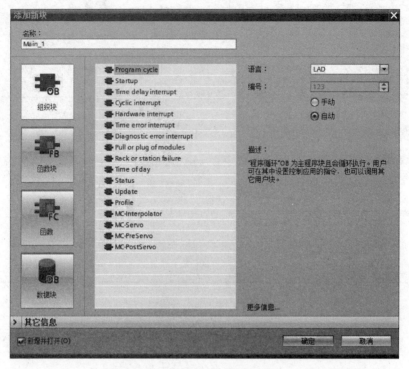

图 5－16 添加新块

（5）指令：系统提供的指令在右边的指令目录和库目录窗口中选择（图 5－17）。其中指令目录包含基本指令模块、扩展指令模块、工艺和通信 4 大类。调用方法是先在程序段中定位指令模块要插入的位置，再选中要调用的指令，然后双击即可。

7. 程序下载

在项目树中选择需要下载的 PLC，打开菜单栏选择"在线"→"下载到设备"，也可以通过工具栏上的图标 进入下载页面（图 5－18）。在"PG/PC 接口的类型"栏选择 PN/IE，"PG/PC 接口"选择计算机连接 PLC 的网卡，"接口/子网的连接"选择 PLC 网络组态中建立的连接。设置完成后单击"开始搜索"，在"选择目标设备"栏里会显示搜索到的设备。选择要下载的 PLC，然后单击"下载"，会弹出"下载预览"对话框（图 5－19）。

如果 PLC 在 RUN 状态，则要在"停止模块"栏选择"全部停止"，单击"装载"按钮，开始下载程序。直至对话框里显示"下载到设备顺利完成"，单击"完成"按钮，程序下载完成。

图 5－17 指令

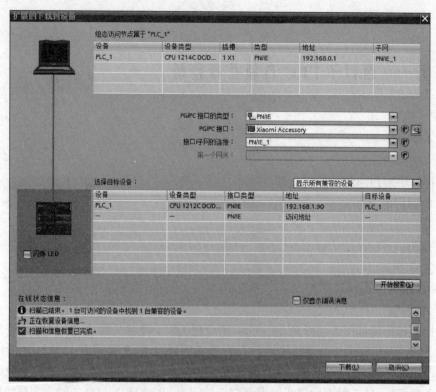

图 5 – 18 下载页面

图 5 – 19 下载预览

5.4　任务实现

任务一　西门子 PLC 自锁互锁控制

1. 任务描述

详见 4.4 节任务一。

2. 元器件选型

此次任务中所使用到的低压电器：

(1) 电磁继电器；

(2) 指示灯；

(3) 按钮；

(4) 主令开关。

3. 实践过程及实际效果

1) 自锁控制

自锁控制梯形图如图 5-20 所示，I0.4 闭合使 Q0.3 得电，随之 Q0.3 触点闭合，此后即使 I0.4 触点断开，Q0.3 仍保持得电，只有当常闭触点 I0.5 接通时，Q0.3 才断电，Q0.3 触点断开。如果要再次启动 Q0.3，只有重新闭合 I0.4。程序中，I0.4 触点为启动触点（对应按钮为 SB2 按钮）；I0.5 触点为停止触点（对应按钮为 SB3 按钮）；Q0.3 触点为自锁触点。

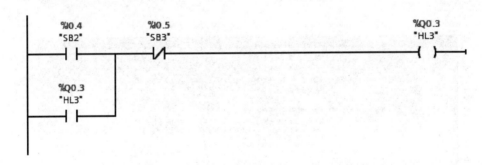

图 5-20　自锁控制梯形图（西门子 PLC）

实践过程及实际效果：按下按钮盒中的 SB2 按钮则指示灯 HL3 点亮，当按下 SB3 按钮时，HL3 熄灭。

2) 互锁控制

互锁控制示例梯形图如图 5-21 所示，在输出线圈 Q0.3 和 Q0.4 网络中，Q0.3 和 Q0.4 的常闭触点分别在对方网络中。只要有一个触点先接通（如 Q0.3），另一个触点就不能再接通（如 Q0.4），从而保证任何时候两者都不能同时启动，这样的控制称为互锁控制，常闭触点 Q0.3 和 Q0.4 为互锁触点。

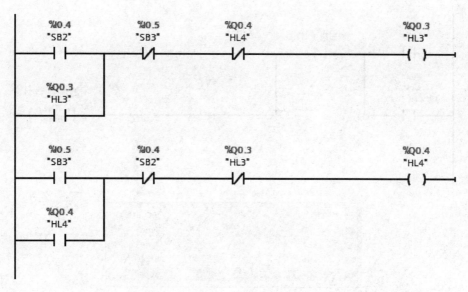

图 5 – 21 互锁控制梯形图（西门子 PLC）

实践过程及实际效果：在 SB2 与 SB3 同时按下时，HL3、HL4 指示灯均不点亮，当只有 SB2 按下时 HL3 点亮，并且在 HL3 点亮的情况下按下，SB3 不会点亮 HL4，同理在 SB3 按下点亮 HL4 时，按下 SB2 按钮不会点亮 HL3。

任务二　西门子 PLC 时间控制

1. 任务描述

在 PLC 控制系统中，时间控制用得非常多，其中大部分用于延时和定时控制。在 PLC 内部的定时器可用于时间控制，用户在编程时会感到十分方便。

2. 元器件选型

此次任务实施所运用到的低压元器件：

（1）电磁继电器；

（2）指示灯；

（3）按钮；

（4）时间继电器。

3. 实践过程及实际效果

1）瞬时接通/延时断开控制

要求在输入信号有效时，马上有输出，而输入信号无效后，输出信号延时一段时间才停止。如图 5 – 22 所示，当 I0.4 的状态为 ON 时，输出 Q0.3 的状态为 ON 并自锁；当 I0.4 的状态为 OFF 时，定时器 T0 工作 3s 后，定时器常闭触点断开，使输出 Y0 断开。

实践过程及实际效果：当 SB2 按下时，HL3 瞬间接通点亮，当 SB2 松开时延时 1s 后 HL3 熄灭。

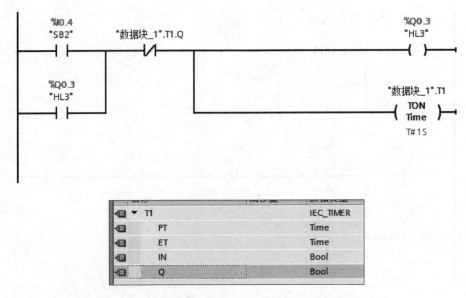

图 5 – 22 瞬时接通/延时断开控制（西门子）

2）延时接通/延时断开控制

要求是输入信号处于 ON 状态后，停一段时间后输出信号才处于 ON 状态；输入信号处于 OFF 状态后，输出信号延时一段时间才处于 OFF 状态。与瞬时接通/延时断开控制相比，该控制程序多加一个输入延时。如图 5 – 23 所示，T0 延时 2s 作为 Q0.3 的启动条件，T1 延时 5s 作为 Q0.3 的断开条件，两个定时器配合使用实现 Q0.3 的输出。

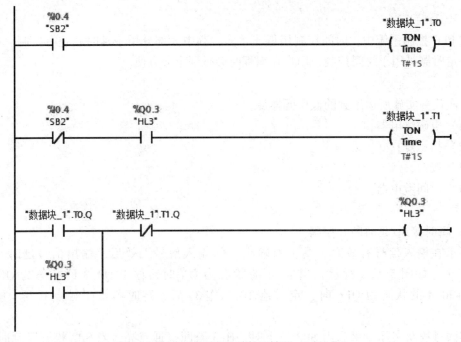

图 5 – 23 延时接通/延时断开控制（西门子）

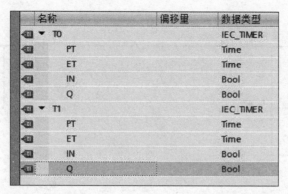

名称	偏移量	数据类型
▼ T0		IEC_TIMER
PT		Time
ET		Time
IN		Bool
Q		Bool
▼ T1		IEC_TIMER
PT		Time
ET		Time
IN		Bool
Q		Bool

图 5 – 23 延时接通/延时断开控制（西门子）（续）

实践过程及实际效果：按下 SB2 按钮持续 1s，HL3 点亮。当松开 SB2 按钮后，1s 后 HL3 指示灯熄灭。

任务三 西门子 PLC 顺序控制

1. 任务描述

详见 4.4 节任务三。

2. 元器件选型

此次任务实施所运用到的低压元器件：

（1）电磁继电器；

（2）指示灯；

（3）按钮。

3. 实践过程及实际效果

1）用定时器实现顺序控制

如图 5 – 24 所示，当 I0.0 总启动开关闭合后，Q0.0 先接通。经过 5s 后 Q0.2 接通，同时将 Q0.1 断开。又经过 5s Q0.3 接通，同时将 Q0.2 断开。再经过 5s 又将 Q0.0 接通，同时将 Q0.3 断开。如此循环往复，实现了顺序启动/停止的控制。用定时器实现顺序控制的实质就是运用定时器的定时与延时功能，将被控对象的启/停在不同时间点上实现。

实践过程及实际效果：当 SB2 按下时，HL3 接通 2s 然后熄灭，HL4 接通 3s 然后熄灭，HL5 接通 4s 然后熄灭；当 HL5 熄灭后 HL2 继续点亮形成循环，当按下 SB3 时，指示灯全部熄灭，循环停止。

2）用计数器实现顺序控制

如图 5 – 25 所示，若 D1 值为 4，D1 复位为 0，当 I0.4 第一次闭合时，D1 加 1，这时进行比较 D1 = 1，则 Q0.3 为 ON；当 I0.4 第二次闭合时，D1 再次加 1，这时进行比较 D1 = 2，则 Q0.4 为 ON；当 I0.4 第三次闭合时，D1 加 1，这时进行比较 D1 = 3，则 Q0.5 为 ON。当 I0.4 在第四次闭合时 D1 = 4，则将 D1 进行赋值等于 0。

实践过程及实际效果：第一次按下 SB2 时，HL3 点亮；第二次按下 SB2 时，HL4 点亮；第三次按下 SB2 时，HL5 点亮；第四次按下 SB2 时，指示灯关闭。

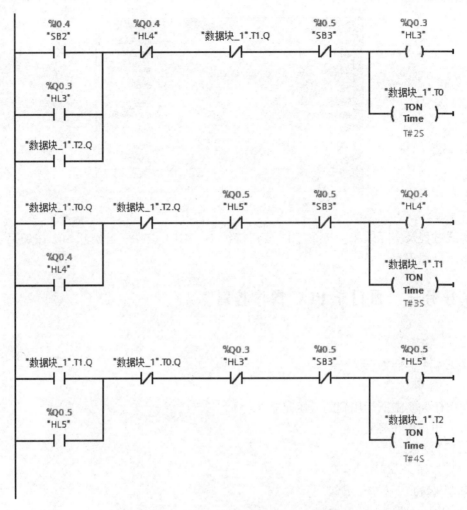

图 5 – 24 定时器实现顺序控制（西门子）

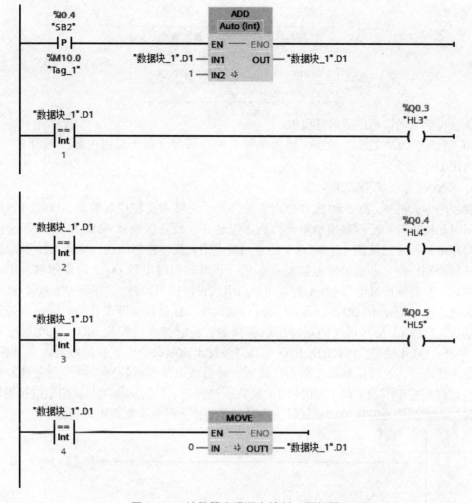

图 5-25　计数器实现顺序控制（西门子）

任务四　西门子 PLC 电动机双重锁正反转控制

1. 任务描述

详见 4.4 节任务四。

2. 元器件选型

此次任务实施所运用到的低压元器件：

（1）电磁继电器；

（2）指示灯；

（3）按钮。

确定 I/O 端子数：SB1、SB2、SB3 三个外部按钮时 PLC 输入变量，须接在三个输入端子上，可分配为 I0.4、I0.5、M20；输出只有两个继电器 KM0、KM1，它们是 PLC 的输出端需控制的设备，要占用两个输出端子，可分配为 Q0.3、Q0.4。故整个系统需要 5 个 I/O 端子：3 个输入端子，2 个输出端子。

表 5-1 I/O 端子数（西门子）

输入端子	输出端子
SB2—I0.4	KM0—Q0.3
SB3—I0.5	KM1—Q0.4
SB4—M20	

注意：此处的电机以指示灯模拟。

用于自锁、互锁的那些触点，因为无须占用外部接线端子而由内部"软开关"代替，故不占用 I/O 端子。

3. 实践过程及实际效果

在程序中，I0.4、I0.5 和 M20 分别表示停止、正转和反转控制触点，Q0.3 和 Q0.4 分别表示电动机正转和反转输出继电器，为了保证正、反转接触器 KM0 和 KM1 不会同时接通，程序中采用按钮互锁（正转 I0.5 的常闭触点串入反转控制回路，反转 M20 的常闭触点串入正转控制回路）和输出继电器触点互锁（正转输出继电器 Q0.3 的常闭触点串入反转控制回路，反转输出继电器 Q0.4 的常闭触点串入正转控制回路），保证 Q0.3 和 Q0.4 不会同时接通，属于双互锁保险型（图 5-26）。实际中，接触器通断变化的时间是极短的。如果电动机正转，Y3 及其相连的正转接触器接通；此时按反转按钮 SB3，M20 触点动作使 Q0.3 断开，Q0.4 接通，PLC 的输出继电器向外发出通断命令，正转接触器断开其主触点，电弧尚未熄灭时，反转接触器主触点已接通，将造成电源瞬时短路。为了避免这种情况发生，从而在程序中增加了两个定时器 T0 和 T1，进行正、反转切换时，被切断的接触器是瞬时动作的，而被接通的接触器要延时一段时间才动作，避免了电源瞬时短路。

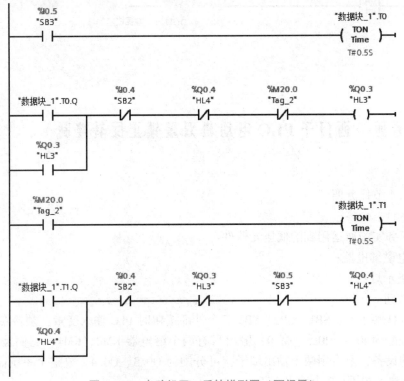

图 5-26 电动机正、反转梯形图（西门子）

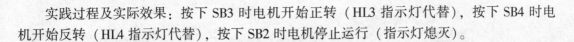

实践过程及实际效果：按下 SB3 时电机开始正转（HL3 指示灯代替），按下 SB4 时电机开始反转（HL4 指示灯代替），按下 SB2 时电机停止运行（指示灯熄灭）。

任务五　西门子 PLC 流水灯程序设计

1. 任务描述

详见 4.4 节任务五。

2. 元器件选型

此次任务实施所运用到的低压元器件：

（1）电磁继电器；

（2）指示灯；

（3）按钮。

3. 实践过程及实际效果

流水灯梯形图和程序设计见图 5 - 27 和图 5 - 28。

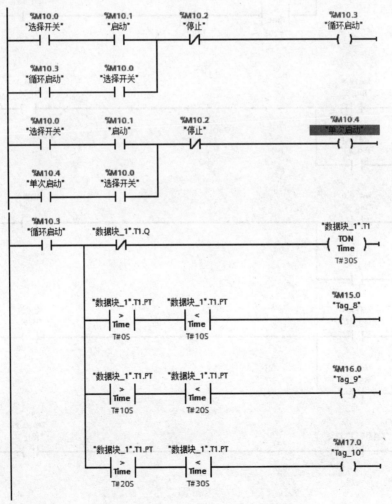

图 5 - 27　流水灯梯形图（西门子）

图 5 - 27 流水灯梯形图（西门子）（续）

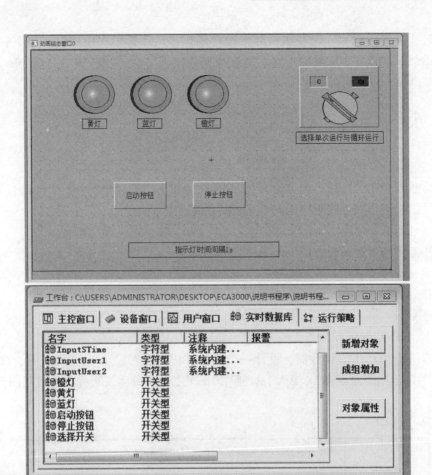

图 5-28　流水灯程序设计

实践过程及实际效果：先在触摸屏上选择模式，当选择单次模式时，按下启动按钮，黄绿红指示灯依次点亮 10s 然后熄灭；当选择循环模式时，黄绿红指示灯以 30s 为一个循环，每 10s 点亮一盏指示灯。

◎ 任务六　西门子 PLC 计数设计

1. 任务描述

内部计数器是在执行扫描操作时对内部信号（如 X、Y、M、S、T 等）进行计数。内部输入信号的接通和断开时间应比 PLC 的扫描周期稍长。

2. 元器件选型

此次任务实施所运用到的低压元器件：

（1）电磁继电器；

（2）指示灯；

（3）按钮。

3. 实践过程及实际效果

针对西门子 PLC 中的计数器，设计一个小程序进行学习，当 I0.4 闭合时，Q0.3 有输出；Q0.4 的输出状态是点亮 1s 熄灭 1s，连续 10 次之后，自动关断所有输出（图 5-29）。

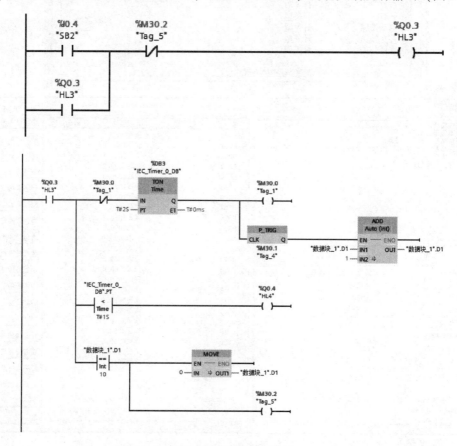

图 5-29　计数程序设计

实践过程及实际效果：按下 SB2 按钮，HL3 指示灯点亮，HL4 指示灯点亮 1s、熄灭 1s，当 HL4 指示灯循环 10 次之后，HL3、HL4 指示灯均熄灭。

 任务七 西门子 PLC 气缸运动控制

1. 任务描述

详见 4.4 节任务七。

2. 元器件选型

此次任务实施所运用到的低压元器件：

（1）电磁继电器；

（2）电磁阀；

（3）气缸；

（4）对射传感器；

（5）感应开关。

3. 实践过程及实际效果

如图 5-30 和图 5-31 所示，在按下启动按钮后，程序开始运行，在对射光电传感器无信号的情况下，气缸置位伸出，当对射光电传感器有信号的情况下，气缸复位缩回；当按下停止按钮后，程序不再执行。

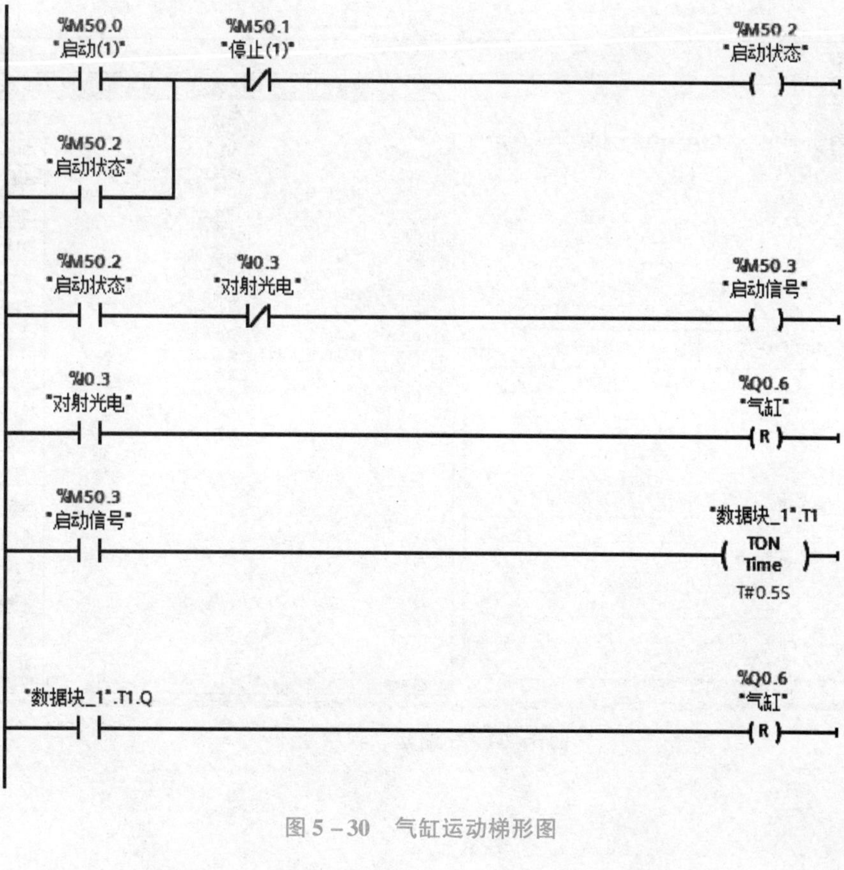

图 5-30 气缸运动梯形图

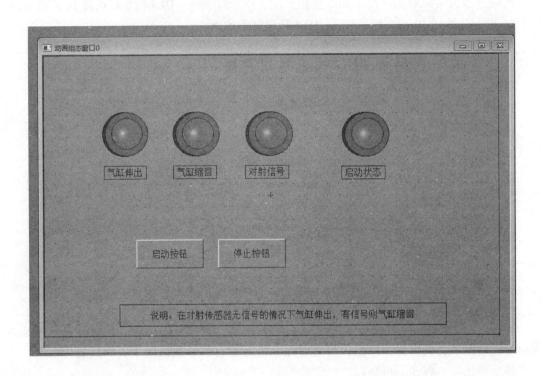

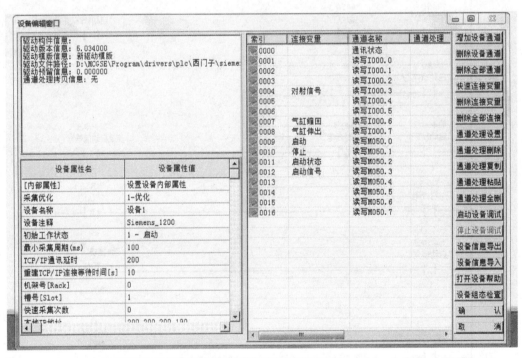

图 5 - 31　气缸运动程序设计

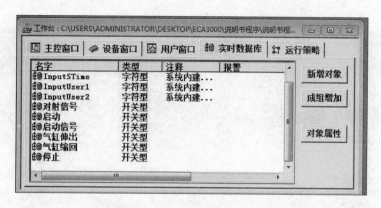

图 5-31　气缸运动程序设计（续）

实践过程及实际效果：按下触摸屏上的启动按钮，启动状态指示灯点亮，当对射传感器检测到信号时，气缸伸出；气缸伸出、缩回指示灯分别显示当前气缸的状态；当对射传感器未检测到信号时气缸缩回。

任务八　西门子 PLC 步进电机控制

1. 任务描述

详见 4.4 节任务八。

2. 元器件选型

此次任务实施所运用到的低压元器件：

（1）步进驱动器及步进电机；

（2）接近传感器；

（3）一维运动平台。

3. 实践过程及实际效果

步进电机控制程序设计见图 5-32。

（1）步进电机的点动正反转控制，如图 5-33 所示，有 2 个按钮分别为正转与反转，利用西门子 PLC 专门的电机控制指令 MC_MoveJog。

（2）步进电机的回原点控制，如图 5-34 所示，有一个回原点按钮，当按下时滑块返回原点，当回到原点位置时，即 I0.1 为真时，回原点结束，同时原点回归完成，指示灯常亮。

（3）步进电机的定位移动控制，如图 5-35 所示，有一个定位移动按钮，设定速度与位置。

（4）步进电机的停止，如图 5-36 所示，有一个停止按钮，当按下停止按钮后，PLC 停止输出脉冲，步进电机立即停止。当限位传感器有效时，电机立即停止。

实践过程及实际效果：当按下点动正转按钮时，步进电机带动丝杆和滑台向右移动，当按下点动反转按钮时，步进电机带动丝杆和滑台向左移动，当按下回原点按钮时，电机自动向原点靠近，由原点传感器判断电机是否回到原点；当电机进行定位移动时，设定速度、距离，再按下按钮使电机运动到所设定的位置。

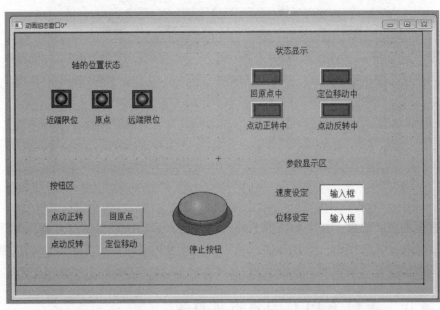

图 5-32 步进电机控制程序设计（西门子）

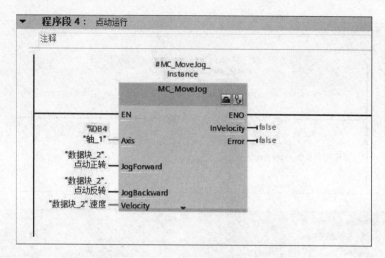

图 5-33　步进电机点动程序设计

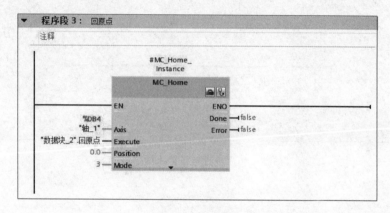

图 5-34　步进电机回原点程序设计

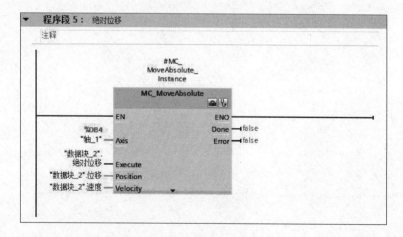

图 5-35　步进电机定位移动程序设计

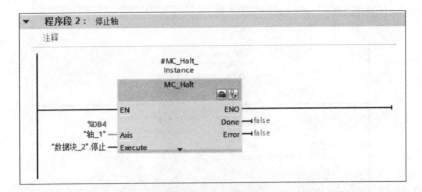

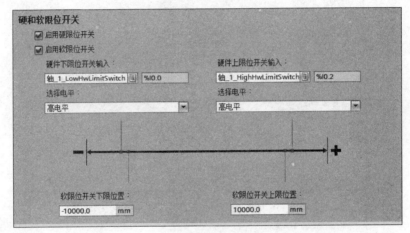

图 5 – 36　步进电机停止程序设计